Chemie heute

Klasse 10 Sachsen

Schroedel
westermann

W0288300

Chemie heute Klasse 10

Sachsen

Herausgegeben von
Wolfgang Asselborn
Jens Rickers
Dr. Karl T. Risch
Dr. Bernhard F. Sieve

Bearbeitet von
Rosemarie Förster
Jens Rickers
Brigitta Rieck
Klaus-Peter Sieche

Dieses Werk ist in Teilen eine Bearbeitung von Chemie heute,
ISBN 978-3-507-86060-5, 978-3-507-86108-4, 978-3-507-86151-0, 978-3-507-86167-1, 978-3-507-86169-5, 978-3-507-88042-9, 978-3-507-88009-2.

westermann GRUPPE

© 2015 Bildungshaus Schulbuchverlage
Westermann Schroedel Diesterweg Schöningh Winklers GmbH, Braunschweig
www.westermann.de

Das Werk und seine Teile sind urheberrechtlich geschützt. Jede Nutzung in anderen als den gesetzlich zugelassenen bzw. vertraglich zugestandenen Fällen bedarf der vorherigen schriftlichen Einwilligung des Verlages. Nähere Informationen zur vertraglich gestatteten Anzahl von Kopien finden Sie auf www.schulbuchkopie.de.
Für Verweise (Links) auf Internet-Adressen gilt folgender Haftungshinweis: Trotz sorgfältiger inhaltlicher Kontrolle wird die Haftung für die Inhalte der externen Seiten ausgeschlossen. Für den Inhalt dieser externen Seiten sind ausschließlich deren Betreiber verantwortlich. Sollten Sie daher auf kostenpflichtige, illegale oder anstößige Inhalte treffen, so bedauern wir dies ausdrücklich und bitten Sie, uns umgehend per E-Mail davon in Kenntnis zu setzen, damit beim Nachdruck der Verweis gelöscht wird.

Druck A⁴ / Jahr 2020
Alle Drucke der Serie A sind im Unterricht parallel verwendbar.

Redaktion: Sylvia Feil
Fotos: Michael Fabian, Jens Rickers, Hans Tegen
Grafiken: Birgitt Biermann-Schickling, Brigitte Karnath, Karin Mall, Birgit Schlierf, Beltz Bad Langensalza GmbH
Satz: Sandra Hammer Medienservice, Winsen (Luhe)
Umschlagsgestaltung: Janssen Kahlert Design & Kommunikation GmbH, Hannover
Druck und Bindung: Westermann Druck GmbH, Braunschweig

ISBN 978-3-507-**88048**-1

Um chemische Vorgänge beschreiben und erklären zu können, musst du über ein solides Fachwissen verfügen. Auf den ersten Blick erscheint dieses Fachwissen unüberschaubar groß, sodass man glaubt, den Durchblick zu verlieren. Bei genauerer Betrachtung zeigt sich jedoch, dass sich viele chemische Fachinhalte vier grundlegenden Leitgedanken zuordnen lassen – den **Basiskonzepten**. Diese bringen Ordnung und machen das chemische Grundwissen überschaubar. Die Basiskonzepte werden im Folgenden am Beispiel der Verbrennung von Kohle beschrieben.

Stoff-Teilchen-Konzept

In der Chemie und den übrigen Naturwissenschaften geht man davon aus, dass alle Stoffe aus unsichtbar kleinen Teilchen bestehen. Die Eigenschaften von Stoffen hängen mit der Art der Teilchen zusammen, aus denen sie aufgebaut sind. Jedoch sind die Eigenschaften der Stoffe nicht mit den Eigenschaften der jeweiligen Teilchen gleichzusetzen. Man unterscheidet daher im Chemieunterricht zwischen der **Stoffebene**, mit den für uns sichtbaren Stoffeigenschaften, und der **Teilchenebene.** Da wir Teilchen jedoch nicht sehen können, haben Naturwissenschaftler verschiedene Modelle entwickelt, um die Teilchen zu beschreiben.

Beispiel: Kohlenstoff und Sauerstoff
Kohlenstoff besteht aus Kohlenstoff-Atomen und Sauerstoff aus Sauerstoff-Molekülen.

Struktur-Eigenschafts-Konzept

Die Eigenschaften eines Stoffes werden neben der Art der Teilchen, aus denen der Stoff aufgebaut ist, vor allem durch die Anordnung der Teilchen (Struktur) und deren Wechselwirkungen untereinander bestimmt.

Beispiel: Kohlenstoff und Sauerstoff
Ein stecknadelgroßes Stück Kohlenstoff besteht aus mehreren Trilliarden miteinander verbundenen Kohlenstoff-Atomen. Erst ein Verband aus so vielen Kohlenstoff-Atomen, die zudem in bestimmter Weise verbunden sind, zeigt die Eigenschaften von Kohlenstoff.
Jedes Sauerstoff-Molekül besteht aus zwei miteinander verbundenen Sauerstoff-Atomen. Die Sauerstoff-Moleküle sind weit voneinander entfernt; zwischen den Molekülen ist nichts.

Konzept der chemischen Reaktion

Stoffe lassen sich durch chemische Reaktionen in andere Stoffe umwandeln. Auf der **Stoffebene** werden dabei die zuvor vorhandenen Stoffe vernichtet und es entstehen stattdessen neue Stoffe, die man an ihren neuen Eigenschaften erkennt. Auf der **Teilchenebene** bleiben bei chemischen Reaktionen die Atome der Stoffe erhalten, verbinden sich jedoch mit Atomen anderer Stoffe und bilden so neue Stoffe.

Beispiel: Verbrennung von Kohlenstoff
Bei der Verbrennung von Kohlenstoff mit Luftsauerstoff entsteht als neuer Stoff Kohlenstoffdioxid. Dieses besteht aus Kohlenstoffdioxid-Molekülen.

Energie-Konzept

Bei chemischen Reaktionen wird Energie frei oder es muss Energie hinzugefügt werden. Die Energie kann dabei in verschiedenen Formen vorkommen – Licht, Wärme oder Bewegung sind Beispiele – sie wird jedoch nur von einer Form in eine andere umgewandelt und niemals verbraucht oder erzeugt.

Beispiel: Verbrennung von Kohlenstoff
Damit ein Stück Kohle verbrennen kann, muss zunächst Energie zugeführt werden – beispielsweise durch ein Streichholz. Erst nach dem Entzünden brennt ein Stück Kohlenstoff von selbst weiter. Dabei wird Energie in Form von Licht und Wärme frei.

Inhaltsverzeichnis

Anhang

Themen des Wahlpflichtbereichs sind mit einem Sternchen* gekennzeichnet.

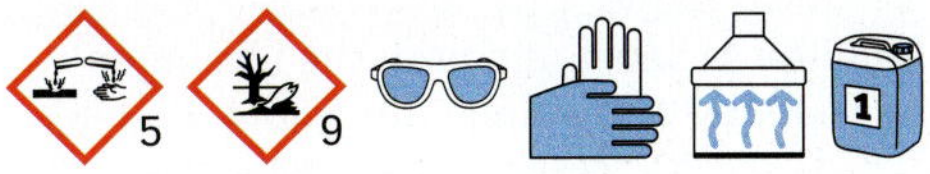

Die Versuche auf den Praktikumsseiten sind mit einer **Symbolleiste** versehen: Die Piktogramme in den roten Rauten sind *Gefahrensymbole,* wie sie unten zusammenfassend dargestellt sind. Die folgenden Symbole geben unbedingt zu beachtende *Sicherheitshinweise* wie *Schutzbrille, Handschuhe* oder *Abzug* an. Die blauen Kanister beziehen sich auf die korrekte *Entsorgung* der Chemikalien und der Lösungen. Dies ist in der Übersicht *Richtig entsorgen* genau beschrieben.

Gefahrensymbole. Viele Stoffe sind gefährlich. Die Gefahrensymbole weisen auf diese Gefahren hin.

1

Explosive Stoffe/Gemische: feste oder flüssige Stoffe, die Gase entwickeln können, die durch ihre Temperatur und ihren Druck Zerstörungen anrichten.

2

Entzündbare Stoffe: Stoffe, die als Gase oder Aerosole mit Luft explosive Gemische bilden, als Flüssigkeiten einen Flammpunkt unter 60 °C haben oder als Feststoffe leicht brennbar sind.

3

Oxidierende Stoffe: Stoffe, die die Verbrennung anderer Materialien stärker fördern als Luft.

4

Gase unter Druck: Gase, die in einem Behältnis unter Druck stehen oder die verflüssigt sind.

5

Ätzende Stoffe: Stoffe, die die Haut oder die Augen nach kurzer Einwirkung dauerhaft schädigen.

6

Giftige Stoffe: Stoffe, die beim Verschlucken, bei Hautkontakt oder beim Einatmen giftig wirken.

7

Gesundheitschädliche/reizende Stoffe: Stoffe, die beim Verschlucken, bei Hautkontakt oder beim Einatmen gesundheitsschädlich sind, die Haut oder die Augen reizen oder auf die Haut allergen wirken.

8

Chronisch gefährliche Stoffe: Stoffe, die das Erbgut verändern, Krebs erzeugen, die Fruchtbarkeit beeinträchtigen, das Kind im Mutterleib schädigen oder auf die Atemwege sensibilisierend wirken.

9

Umweltgefährdende Stoffe: Stoffe, die die Umwelt, insbesondere Gewässer, gefährden.

Sicherheitshinweise. Wegen der besonderen Gefahren sind im Chemieunterricht wichtige Sicherheitshinweise zu beachten:

- Versuchsvorschriften und Hinweise müssen genau befolgt werden. Bei Unklarheiten muss die Lehrkraft gefragt werden.
- Ein Versuch darf erst dann durchgeführt werden, wenn dazu aufgefordert wird.
- Schülerinnen und Schüler dürfen Geräte und Chemikalien nicht ohne Genehmigung verwenden.
- Die Anlagen für elektrischen Strom, Gas und Wasser dürfen nur nach besonderer Aufforderung der Lehrkraft eingeschaltet werden.
- Die Geräte müssen in sicherem Abstand von der Tischkante standfest aufgebaut werden.
- Beim Experimentieren sind Schutzbrillen zu tragen.
- Werden Schutzhandschuhe ausgehändigt, so müssen sie benutzt werden.
- Im Praktikum darf grundsätzlich weder gegessen noch getrunken werden.
- Pipettieren mit dem Mund ist verboten.
- Geschmacksproben sind verboten. Geruchsproben dürfen nur dann vorgenommen werden, wenn die Lehrkraft dazu auffordert.
- Chemikalien dürfen nicht mit den Händen berührt werden.
- Die Haare sind so zu tragen, dass sie nicht in die Brennerflamme geraten können.
- Chemikalien dürfen nicht in Gefäße umgefüllt werden, die nicht eindeutig und dauerhaft beschriftet sind. Auf keinen Fall dürfen Gefäße benutzt werden, die zur Aufbewahrung von Speisen und Getränken bestimmt sind.
- Der Arbeitsplatz muss stets sauber gehalten werden. Nach Beendigung der Experimente sind die Geräte zu reinigen.
- Chemikalienreste müssen vorschriftsmäßig entsorgt werden (siehe Seite 6).

Sicher entsorgen

Jeder weiß es: **Gefährliche Stoffe müssen ordnungsgemäß entsorgt werden.** Chemikalienreste und Reaktionsprodukte dürfen also nicht ohne weiteres in den Abfluss oder den Abfalleimer gegeben werden. Folgende Regeln sind genau zu beachten:

Gefährliche Abfälle vermeiden. Eine der wichtigsten Regeln für einen verantwortungsbewussten Umgang mit Stoffen ist ganz einfach: *Die Entstehung unnötiger Abfälle oder unnötig großer Mengen an Abfällen muss vermieden werden.* Die Anwendung dieser Regel setzt eine sorgfältige Versuchsplanung im Hinblick auf Art und Menge der verwendeten Stoffe voraus.

Gefährliche Abfälle umwandeln. Nicht vermeidbare gefährliche Abfallstoffe sollen in weniger gefährliche umgewandelt werden:

Saure und basische Lösungen werden neutralisiert. Es ist zweckmäßig, saure und basische Lösungen in einem gemeinsamen Behälter zu sammeln. Sie brauchen dann nicht einzeln neutralisiert zu werden.

Viele *lösliche Stoffe* können zu schwer löslichen Stoffen umgesetzt werden.

Gefährliche Abfälle sammeln. Chemikalienreste von Praktikumsversuchen, die nicht sofort in ungefährliche Produkte umgewandelt werden können, werden in besonders beschrifteten Abfallbehältern gesammelt. Von Zeit zu Zeit werden die Abfallbehälter dann durch ein *Entsorgungsunternehmen* abgeholt.

Durch das Sammeln in getrennten Behältern verringern sich die Kosten für eine endgültige Beseitigung.

Behälter 1: Saure und basische Lösungen
In Behälter 1 gehören nur saure und basische Lösungen, in denen *keine Schwermetallverbindungen* enthalten sind. Saure und basische Lösungen neutralisieren sich dann gegenseitig. In der Regel reagiert die Lösung im Behälter 1 nicht neutral, sondern leicht sauer oder basisch. Bevor der Behälter ganz gefüllt ist, muss er deshalb neutralisiert werden. Der neutralisierte Inhalt kann dann in den Ausguss geschüttet werden.

Behälter 2: Giftige anorganische Stoffe
In Behälter 2 werden giftige und umweltschädliche Schwermetallsalze und ihre Lösungen gesammelt – auch dann, wenn es sich um saure oder basische Lösungen handelt. Die endgültige Entsorgung erfolgt durch ein Entsorgungsunternehmen.

Behälter 3: Halogenfreie organische Stoffe
Wasserlösliche und wasserunlösliche halogenfreie organische Stoffe werden gemeinsam in einem Abfallbehälter gesammelt. Damit sich kein zu großes Volumen an leicht entzündlichen Flüssigkeiten ansammelt, kann die Lehrkraft im Einzelfall anordnen, geringe Mengen nicht giftiger wasserlöslicher organischer Abfälle wie Ethanol oder Aceton in den Ausguss zu geben. Behälter 3 muss von einem Entsorgungsunternehmen ordnungsgemäß entsorgt werden.

Behälter 4: Halogenhaltige organische Stoffe.
Organische Halogenverbindungen und Abfälle, die bei Halogenierungsreaktionen entstehen, werden im Behälter 4 gesammelt. Dieser Behälter muss von einem Entsorgungsunternehmen ordnungsgemäß entsorgt werden.

Entsorgungskonzept im Überblick

	1	2	3	4
	saure und basische Lösungen	giftige anorganische Stoffe	halogenfreie organische Stoffe	halogenhaltige organische Stoffe
Beispiele:	Salzsäure, Natronlauge	Kupfersalze, Bleisalze	Benzin, Toluol	Dibromethan, Chloroform

Chemische Bindung und zwischenmolekulare Kräfte

Teilchen können sich durch *chemische Bindungen* miteinander vereinigen. Je nach Art der chemischen Bindung unterscheidet man zwischen Metallbindung, Ionenbindung und Atombindung.

Metallbindung. In Metallkristallen werden die Metall-Atome untereinander durch *Metallbindungen* zusammengehalten. Dabei besetzen positiv geladene Atomrümpfe die Plätze des Metallgitters. Die negativ geladenen Außenelektronen sind zwischen den Atomrümpfen mehr oder weniger frei beweglich. Man spricht von einem *Elektronengas*.

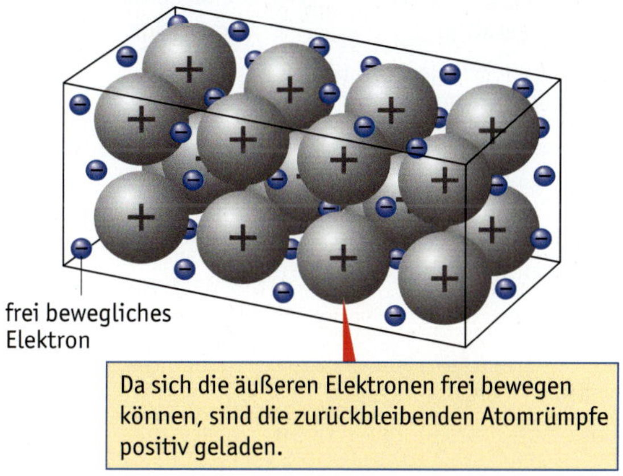

Ionenbindung. Die chemische Bindung zwischen den Ionen in einem Salzkristall bezeichnet man als *Ionenbindung*. Die ungerichteten Anziehungskräfte zwischen den positiv geladenen Kationen und den negativ geladenen Anionen halten das *Ionengitter* zusammen.

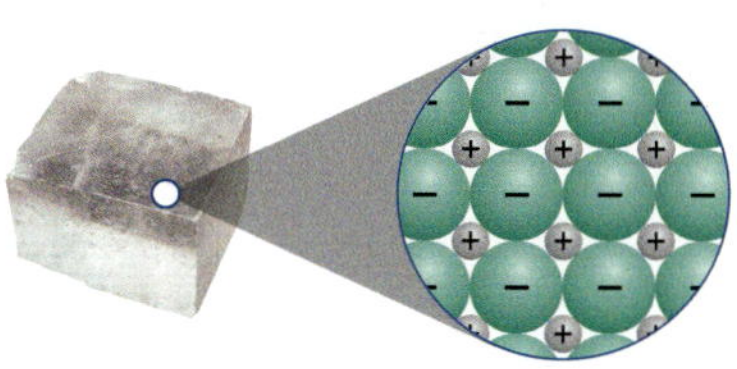

Atombindung. Nichtmetall-Atome verbinden sich untereinander durch gemeinsame *bindende Elektronenpaare* zu Molekülen. Die Bindungselektronen gehören zu beiden an der Bindung beteiligten Atomen. Die Atome erreichen dadurch eine *Edelgaskonfiguration*.

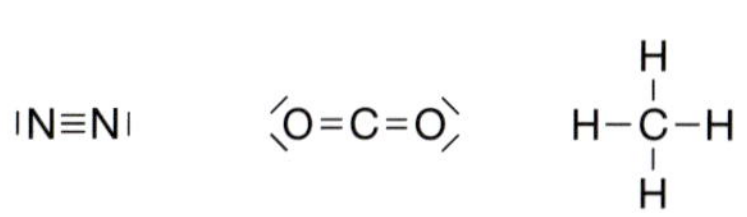

Manche Molekülverbindungen sind bei Raumtemperatur flüssig oder fest. Bei den Anziehungskräften zwischen den Molekülen handelt es sich um *zwischenmolekulare Kräfte*.

Van-der-Waals-Kräfte. Unpolare Moleküle können über kurzzeitig auftretende Dipole miteinander in Wechselwirkung treten. Diese zwischenmolekularen Kräfte sind relativ schwach und abhängig von der Kontaktoberfläche zwischen den Molekülen. Je größer die Oberfläche ist, desto stärker sind die *Van-der-Waals-Kräfte*.

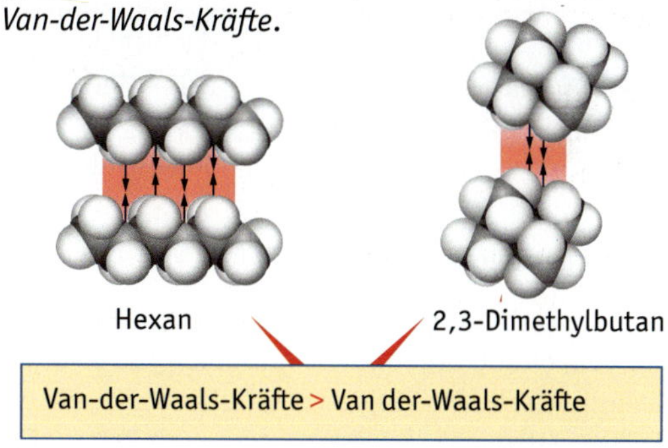

Dipol-Dipol- und Dipol-Ionen-Wechselwirkungen. Moleküle mit permanentem Dipolmoment ziehen sich an ①. Diese Anziehung ist stärker als die Van-der-Waals-Kraft. Polare Moleküle können auch mit Ionen wechselwirken ②.

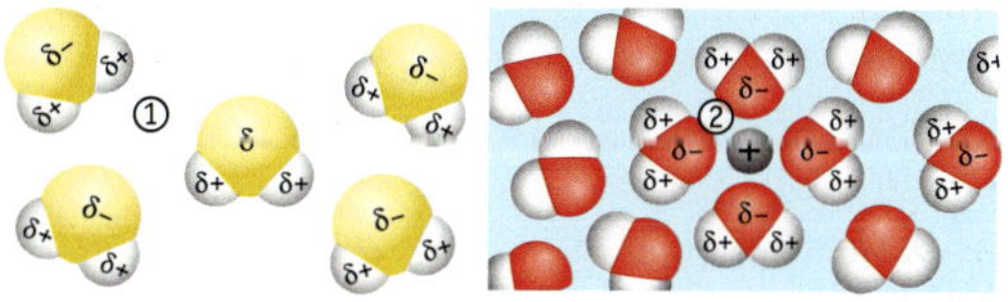

Wasserstoffbrücken. Enthält ein Molekül F-Atome, O-Atome oder N-Atome, an die ein oder mehrere Wasserstoff-Atome direkt gebunden sind, so bildet sich die stärkste Form der zwischenmolekularen Wechselwirkungen aus, die *Wasserstoffbrücke*. In einer Wasserstoffbrücke ziehen die freien Elektronenpaare der stark elektronegativen Fluor-, Sauerstoff- oder Stickstoff-Atome ein polar gebundenes Wasserstoff-Atom eines weiteren Moleküls an.

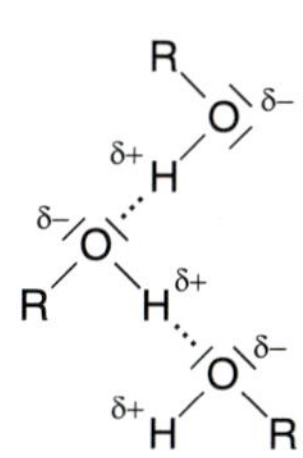

Kohlenwasserstoffe

1. Einteilung und Merkmale

homologe Reihe	Alkane	Alkene	Alkine
allgemeine Summenformel	C_nH_{2n+2}	C_nH_{2n}	C_nH_{2n-2}
Strukturformel für Kohlenwasserstoff mit zwei C-Atomen	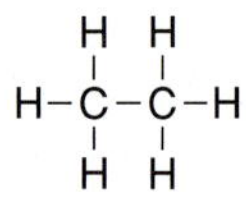 Ethan	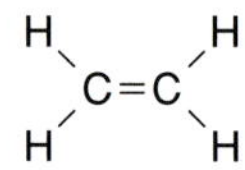 Ethen	H−C≡C−H Ethin
Bindung gesättigt/ungesättigt typische Reaktionen	C–C-Einfachbindung gesättigt Substitution, Eliminierung	C=C-Doppelbindung ungesättigt Addition, Eliminierung	C≡C-Dreifachbindung ungesättigt Addition

2. Isomerie und Nomenklatur

Isomere Verbindungen haben die gleiche Molekülformel, besitzen aber unterschiedliche Strukturen. Die Benennung organischer Verbindungen erfolgt nach internationalen Nomenklaturregeln.

C_4H_{10}	C_4H_8		C_6H_{12}
$CH_3-CH_2-CH_2-CH_3$ Butan	$CH_2=CH-CH_2-CH_3$ But-1-en	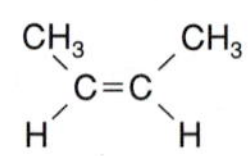 *cis*-But-2-en	$CH_2=CH-CH_2-CH_2-CH_2-CH_3$ Hex-1-en
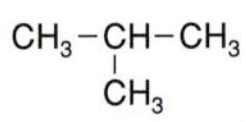 2-Methylpropan	$CH_3-CH=CH-CH_3$ But-2-en	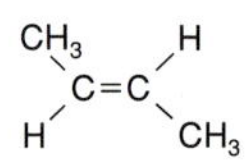 *trans*-But-2-en	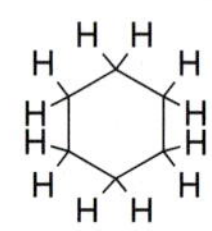 Cyclohexan
unterschiedliche Verzweigung	unterschiedliche Lage der C=C-Doppelbindung	unterschiedliche Stellung der CH_3-Gruppen	Kette oder Ring

3. Reaktionen der Kohlenwasserstoffe

Substitution	Addition	Eliminierung
Chemische Reaktion, bei der in einem Molekül ein Atom oder eine Atomgruppe durch ein anderes Atom oder eine Atomgruppe ersetzt wird.	Chemische Reaktion, bei der ein Molekül an eine C/C-Mehrfachbindung eines ungesättigten Kohlenwasserstoffs addiert wird.	Chemische Reaktion, bei der aus einem Molekül unter Ausbildung einer C/C-Mehrfachbindung ein Molekül abgespalten wird.
Beispiel: $CH_3\text{–}CH_3\,(g) + Cl_2\,(g) \rightarrow CH_2Cl\,(g) + HCl\,(g)$	Beispiel: $CH_3\text{–}CH_3\,(g) \rightarrow CH_2=CH_2\,(g) + H_2\,(g)$	Beispiel: $CH_2=CH_2\,(g) + Br_2\,(g) \rightarrow CH_2Br-CH_2Br\,(l)$

Alkohole und Aldehyde

1. Alkanole

Zur Stoffklasse der Alkohole zählen alle Verbindungen, die aus einem organischen Rest und einer oder mehreren *Hydroxyl-Gruppen (OH-Gruppe)* als funktioneller Gruppe aufgebaut sind. Die OH-Gruppe ist polar gebaut.

Alkyl-Rest 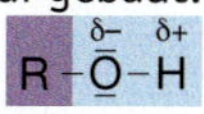 Hydroxyl-Gruppe

2. Homologe Reihe der Alkanole

Alkohole, die sich von Alkanen ableiten, heißen *Alkanole*. Die allgemeine Molekülformel lautet $C_nH_{2n+1}OH$. *Methanol, Ethanol* und *Propanol* sind die ersten Alkanole der homologen Reihe. *Fettalkohole* sind langkettige Alkanole. Beginnend mit dem Propanol-Molekül tritt Isomerie auf, denn die OH-Gruppe kann an unterschiedliche C-Atome gebunden sein. Man unterscheidet *primäre, sekundäre* und *tertiäre* Alkohole:

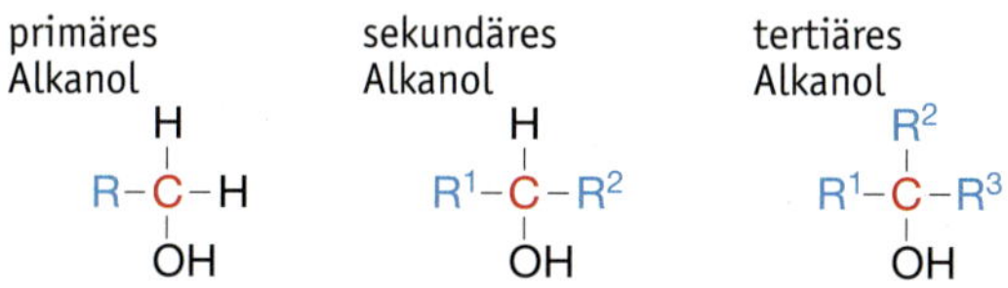

3. Mehrwertige Alkohole

Alkohole mit mehreren Hydroxyl-Gruppen bezeichnet man als mehrwertige Alkohole. *Beispiele:*
Ethan-1,2-diol (Glykol):
$CH_2OH–CH_2OH$ (zweiwertig)
Propan-1,2,3-triol (Glycerin):
$CH_2OH–CHOH–CH_2OH$ (dreiwertig).

4. Eigenschaften der Alkanole

a) Schmelztemperaturen und Siedetemperaturen

Alkanole schmelzen und sieden bei wesentlich höheren Temperaturen als Alkane mit vergleichbarer Molekülgröße. Ursache sind die Wasserstoffbrücken, die zwischen den OH-Gruppen der Alkanol-Moleküle gebildet werden. Bindungen über Wasserstoffbrücken sind wesentlich fester als Van-der-Waals-Kräfte.

b) Löslichkeit

Die Löslichkeit der Alkanole in Wasser beziehungsweise in Heptan hängt von der Molekülstruktur ab. Bei kurzkettigen Alkanolen überwiegt der Einfluss der polaren Hydroxyl-Gruppe. Solche Alkanole lösen sich deshalb in Wasser. Mit Ausnahme von Methanol lösen sich Alkanole in Heptan aufgrund der Van-der-Waals-Kräfte.

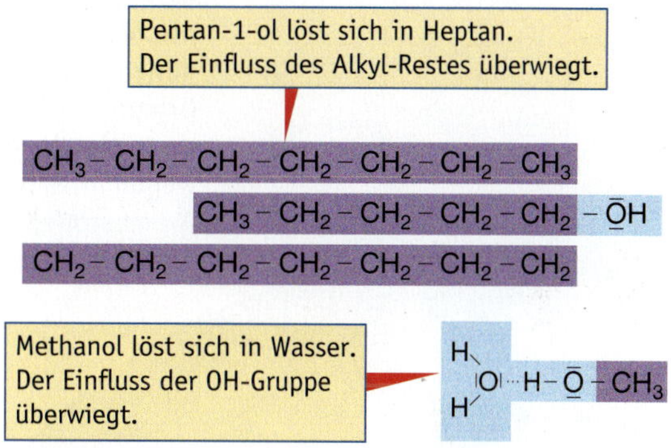

5. Aldehyde

Aldehyde entstehen durch Oxidation primärer Alkohole. Die funktionelle Gruppe ist die *Aldehyd-Gruppe.*

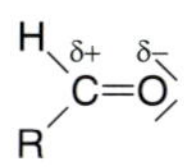

R-CHO

a) Löslichkeit und Mischbarkeit

Kurzkettige Aldehyde sind aufgrund von Wasserstoffbrücken mit Wasser mischbar. Bei langkettigen Verbindungen sind die unpolaren Alkyl-Reste so groß, dass der Einfluss der Van-der-Waals-Kräfte überwiegt. Diese Stoffe lösen sich leicht in Heptan.

b) Schmelztemperaturen und Siedetemperaturen

Die Schmelz- und Siedetemperaturen der Aldehyde sind höher als bei Alkanen, aber niedriger als bei Alkoholen mit vergleichbarer Molekülgröße. Ursache sind stärkere zwischenmolekulare Wechselwirkungen aufgrund der polaren Gruppen, es können jedoch keine Wasserstoffbrücken gebildet werden.

c) Nachweise

Aldehyde lassen sich durch die *Fehling-Probe* und die *Tollens-Probe* (Silberspiegelprobe) nachweisen. Dabei werden die Aldehyde oxidiert. Die *Schiff-Probe* ist ein spezifischer Nachweis für Aldehyde.

Kapitel 1

Von der Essigsäure zum Ester

Schon seit dem Altertum ist Essig ein wichtiges Hilfsmittel zur Konservierung von Lebensmitteln und eine wichtige Zutat für unsere Speisen. Traditionell geht man bei der Essig-Herstellung von Wein aus, der mithilfe von Essigsäurebakterien vergoren wird. Die Essigsäure ist ein Vertreter der organischen Säuren. Diese Stoffklasse umfasst eine große Anzahl von verschiedenen Säuren, zu denen auch Fruchtsäuren und Fettsäuren gehören. Organische Säuren reagieren mit Alkoholen zu Estern. Ester mit einer niedrigen Molekülmasse sind leicht flüchtig. Aufgrund dieser Eigenschaft und wegen ihres typischen Geruchs werden viele Ester im Alltag als Duft- und Aromastoffe verwendet.

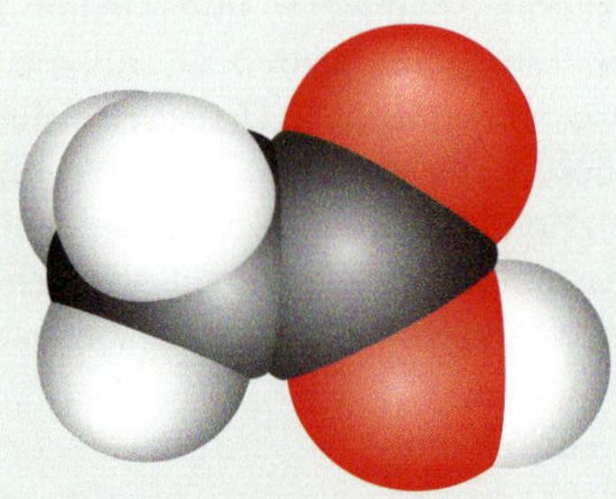

Ein leichtes Knacken und im Wärmekissen kristallisiert in weniger als einer Minute ein weißer, salzartiger Stoff aus. Die Wärmeenergie, die dabei frei wird, lässt kalte Hände schnell wieder warm werden. Wärmekissen enthalten geschmolzenes Nariumacetat, ein Salz der Essigsäure.

Nachdem das Wärmekissen seine Aufgabe erfüllt hat, kann es wieder aktiviert werden: Es wird einfach in heißes Wasser gelegt, das die Schmelzwärme liefert. Das Salz schmilzt und nach dem Abkühlen ist das Wärmekissen wieder einsatzfähig. Knickt man nun das Metallplättchen, das sich im Wärmekissen befindet, so kristalliert das Salz aus und die Kristallisationswärme wird als Wärmeenergie frei.

In Sachsen wurden im Jahr 2013 rund 52 000 Tonnen Biodiesel produziert. Als Ausgangsstoff für die Herstellung wird vor allem Rapsöl verwendet. Rapsöl ist ein Fett, also ein Ester aus längerkettigen Carbonsäuren und Glycerin. Als Kraftstoff kann jedoch nur der Methylester der Fettsäuren verwendet werden. Deshalb wird Rapsöl mit Methanol zu Rapsölmethylester umgesetzt.

Für die Verwendung von Biodiesel spricht, dass er aus einem nachwachsenden Rohstoff gewonnen wird. Er ist biologisch gut abbaubar, falls er versehentlich in das Erdreich oder in Gewässer gelangt. Der Anbau von Raps und die Verarbeitung zu einem motorentauglichen Öl ist jedoch mit einem hohen Energieumsatz verbunden.

Einer Legende nach erhielt der später in der Kölner Glockengasse ansässige Kaufmann Wilhelm MÜLHENS 1792 die geheime Rezeptur für ein „aqua mirabilis" – ein Wunderwasser – von einem Mönch als Hochzeitsgeschenk. Als die Franzosen 1796 die Stadt Köln erobert hatten, wurden alle Häuser durchnummeriert. Dem Haus mit der Nummer 4711 verdankt das heute noch bekannte Produkt seinen Markennamen. Es wird besonders wegen seiner Inhaltsstoffe wie Orange, Zitrone, Lavendel, Bergamotte und Neroli geschätzt.

1.1 Essigsäure – chemisch betrachtet

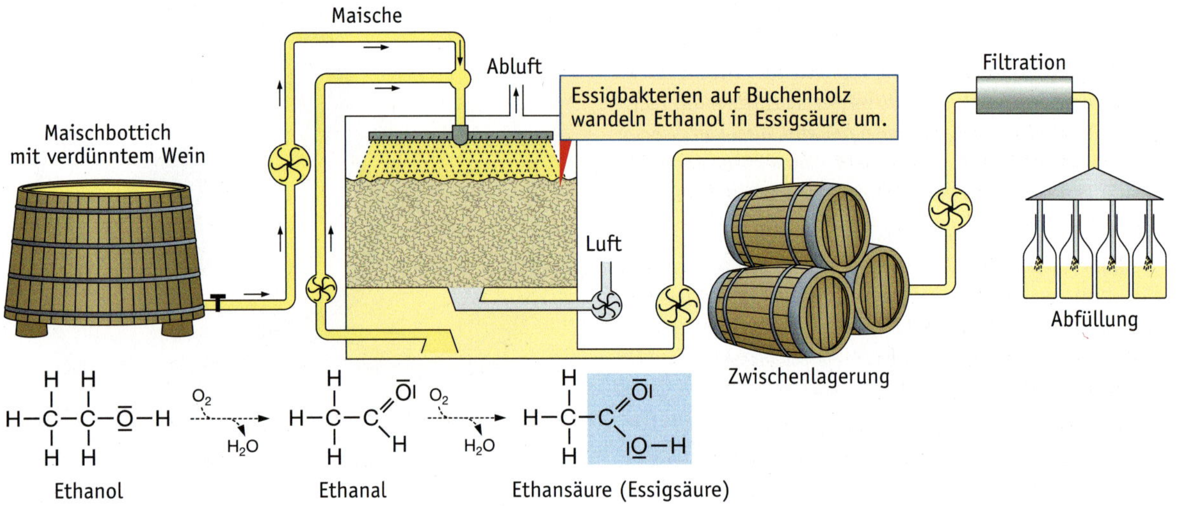

1 *Biotechnische Herstellung von Essig*

Schon im Altertum war bekannt, dass Wein in offenen Gefäßen nach einiger Zeit sauer wird und nach **Essig** riecht. Bei diesem Vorgang entsteht *Essigsäure,* die älteste bekannte Säure.

Essigsäure. Beim Sauerwerden vermehren sich an der Oberfläche des Weines *Essigbakterien.* Ihre Enzyme katalysieren die Oxidation des im Wein enthaltenen Alkohols. Dabei reagiert Ethanol mit Luftsauerstoff zu *Ethanal,* das weiter zu *Essigsäure* oxidiert wird. Der gesamte Vorgang wird als *Essigsäuregärung* bezeichnet.

Zur *industriellen Herstellung* von Essigsäure wird 5 %iger Alkohol in einem großen Reaktionsgefäß zusammen mit Luft fein vernebelt. Dabei löst sich Sauerstoff in der Flüssigkeit. Mit dem Sauerstoff oxidieren die Essigbakterien Ethanol zu Essigsäure (Abb. 1). Synthetisch lässt sich Essigsäure aus Ethanal oder durch Reaktion von Methanol mit Kohlenstoffmonoxid produzieren. Reine Essigsäure wird im Handel als *Eisessig* oder, verdünnt mit Wasser, als *Essigessenz* (25 %ige Lösung) angeboten. *Haushaltsessig* ist eine 5 %ige Lösung, die noch Aromastoffe enthalten kann.

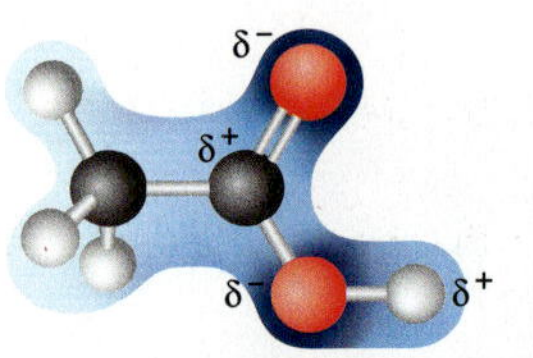

Das Essigsäure-Molekül besitzt als funktionelle Gruppe eine **Carboxyl-Gruppe** (**COOH**-Gruppe). Alle Moleküle mit einer Carboxyl-Gruppe gehören zu der Stoffklasse der **Carbonsäuren.** Aus der Elektronendichteverteilung wird deutlich, dass die COOH-Gruppe stark polar ist: Aufgrund der hohen Elektronegativität der beiden Sauerstoff-Atome sind die C–O-Bindungen polar und die OH-Gruppe ist stärker polar als die Hydroxyl-Gruppe in Alkoholen.

Wässrige Lösungen von Essigsäure zeigen die typischen Eigenschaften einer *sauren Lösung*:

- Sie bewirken einen Farbumschlag des Universalindikators nach rot.
- Sie können durch basische Lösungen neutralisiert werden. Dabei erhält man eine Salzlösung.
- Sie leiten den elektrischen Strom – sie enthalten demnach Ionen.
- Sie reagieren mit unedlen Metallen und Metalloxiden unter Bildung von Salzlösungen.
- Sie reagieren mit Carbonaten unter Freisetzung von Kohlenstoffdioxid.

Diese Beobachtungen lassen den Schluss zu, dass Essigsäure mit Wasser zu einer sauren Lösung reagiert: Die O–H-Bindung in der Carboxyl-Gruppe ist stärker polar als die O–H-Bindung im Alkohol-Molekül. Daher gibt das Essigsäure-Molekül ein H^+-Ion aus der COOH-Gruppe ab. Wie bei den anorganischen Säuren bilden sich dabei Wasserstoff-Ionen ($H^+(aq)$). Als Säurerest-Ionen entstehen **Acetat-Ionen** ($CH_3COO^-(aq)$). Die Dissoziationsgleichung lautet:

$$\underset{\text{Essigsäure}}{CH_3COOH\,(aq)} \xrightarrow{H_2O} \underset{\text{Acetat-Ion}}{CH_3COO^-\,(aq)} + H^+\,(aq)$$

Bei der Neutralisation von Essigsäure mit Natronlauge entsteht eine Salzlösung von *Natriumacetat.* Beim vorsichtigen Eindampfen der Lösung kristallisiert dieses Natriumsalz der Essigsäure aus.

$$CH_3COO^-\,(aq) + H^+\,(aq) + Na^+\,(aq) + OH^-\,(aq) \rightarrow Na^+\,(aq) + CH_3COO^-\,(aq) + H_2O\,(l)$$

Alkansäuren. Zur Stoffklasse der *Carbonsäuren* gehören alle Verbindungen, deren Moleküle einen organischen Rest und eine Carboxyl-Gruppe aufweisen. Man spricht allgemein von einer *Alkansäure,* wenn die Carboxyl-Gruppe mit einem Alkyl-Rest verknüpft ist. Zur Benennung von Alkansäuren wird dem Stammnamen des Alkans die Endung **-säure** angefügt. Essigsäure wird also systematisch als *Ethansäure* bezeichnet.

Alkansäuren bilden eine *homologe Reihe* (Abb. 2). Einige Alkansäuren sind wichtige Stoffwechselprodukte lebender Organismen. Oft sind Alkansäuren Bestandteile von Chemikalien des alltäglichen Gebrauchs oder werden für deren Herstellung verwendet.

Die einfachste Säure in der homologen Reihe der Alkansäuren ist **Ameisensäure** (*Methansäure,* HCOOH). Ameisen, Brennnesseln und Quallen fügen Feinden zur Abwehr kleine Verwundungen zu und injizieren dabei die Säure in die Wunde. Wir alle kennen die Folgen: brennender Schmerz und Hautrötung. Ameisensäure ist ätzend, riecht stechend und reizt die Schleimhäute. Sie wird zur Vorbehandlung von Leder und Textilien gebraucht und dient als Desinfektionsmittel. Im Haushalt ist Ameisensäure neben Essigsäure ein geeignetes Mittel, um Verkalkungen zu entfernen. Die Salze der Ameisensäure heißen **Formiate.**

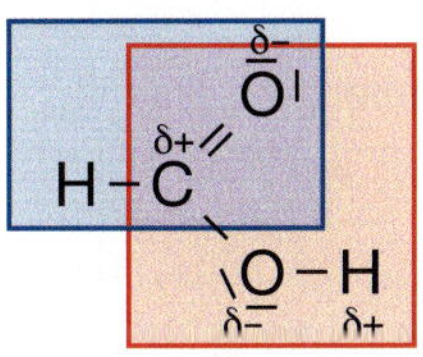

In Methansäure-Molekülen kann die Carbonyl-Gruppe sowohl als Carboxyl-Gruppe als auch als Aldehyd-Gruppe reagieren. Daher kann Methansäure im Gegensatz zu den anderen Alkansäuren oxidiert werden und reagiert bei der Silberspiegelprobe positiv.

Im Labor benutzt man Ameisensäure, um *Kohlenstoffmonoxid* herzustellen. Dazu tropft man konzentrierte Schwefelsäure auf Ameisensäure:

$$HCOOH \xrightarrow{\text{konz. } H_2SO_4} CO + H_2O$$

Essigsäure und **Propionsäure** (C_2H_5COOH) sind wichtige Grundchemikalien zur Herstellung von Lösemitteln, Arzneimitteln sowie von Duft- und Aromastoffen. **Buttersäure** (C_3H_7COOH), **Pentansäure** (C_4H_9COOH) und **Hexansäure** ($C_5H_{11}COOH$) haben einen unangenehmen, ekelerregenden Geruch. Sie kommen in ranziger Butter und im Schweiß vor.

Längerkettige Alkansäuren sind in Fetten chemisch an Glycerin gebunden. Sie werden daher auch als *Fettsäuren* bezeichnet. **Palmitinsäure** (Hexadecansäure ($C_{15}H_{31}COOH$) und **Stearinsäure** (Octadecansäure ($C_{17}H_{35}COOH$) werden zur Herstellung von Kerzen sowie von kosmetischen und pharmazeutischen Präparaten verwendet.

Alkansäure	Formel	Schmelztemp.	Siedetemp.
Ameisensäure Methansäure	H–COOH	8 °C	101 °C
Essigsäure Ethansäure	CH_3–COOH	17 °C	118 °C
Propionsäure Propansäure	C_2H_5–COOH	−21 °C	141 °C
Buttersäure Butansäure	C_3H_7–COOH	−5 °C	163 °C
Decansäure	C_9H_{19}–COOH	31 °C	269 °C
Palmitinsäure	$C_{15}H_{31}$–COOH	63 °C	351 °C
Stearinsäure	$C_{17}H_{35}$–COOH	69 °C	370 °C

2 *Homologe Reihe der Alkansäuren*

Die Carboxyl-Gruppe (–COOH) ist die funktionelle Gruppe der Carbonsäuren. Sie kann ein Wasserstoff-Atom als H^+-Ion abspalten. Alkansäuren sind Carbonsäuren mit einer Alkyl-Gruppe als organischem Rest.

1 a) Recherchiere, wie Gärprozesse definiert sind.
b) Vergleiche die alkoholische Gärung mit der Essigsäuregärung.

2 Verdünnte Salzsäure riecht nicht nach Chlorwasserstoff. Dagegen riecht Essig nach Essigsäure. Gib eine Begründung.

3 Erkläre die saure Reaktion der Essigsäure.

4 Kaliumacetat kann durch verschiedene chemische Reaktionen hergestellt werden. Formuliere für drei verschiede Wege die Wort- und Reaktionsgleichungen.

5 **Expertenaufgabe:** In eine dreigeteilte Petrischale wird in jede Kammer ein kleines Stück Magnesiumband und eine Säure gegeben: Methansäure, Ethansäure und Propansäure.
Eine Gasentwicklung beginnt erst, wenn die Säuren mit Wasser verdünnt werden. Die Reaktion mit Methansäure ist besonders heftig.
a) Interpretiere die Beobachtungen.
b) Formuliere für die Reaktion zwischen Methansäure und Magnesium die Reaktionsgleichung.

6 **Experimentelle Hausaufgabe:** In eurem Wasserkocher hat sich Kalk ($CaCO_3$) abgelagert.
a) Gieße Essig in den Wasserkocher.
b) Notiere die Reaktionsgleichung.
c) Erstelle einen Arbeitsplan, wie du die abgelagerte Masse des Kalks ermitteln kannst.

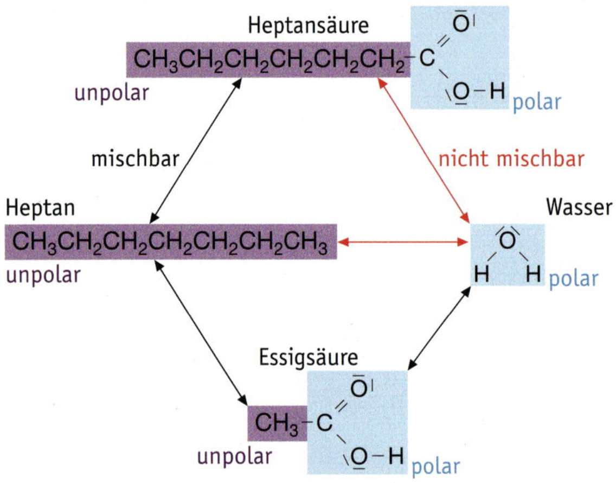

1 *Der Einfluss der Molekülstruktur auf die Löslichkeit*

Die Schmelz- und Siedetemperaturen und die Löslichkeit der Alkansäuren hängen von der Molekülstruktur ab.

Schmelztemperaturen und Siedetemperaturen. Reine Essigsäure (Eisessig) schmilzt bei 17 °C. Butan (C_4H_{10}), dessen Molekülen ähnlich groß sind, schmilzt dagegen bereits bei −138 °C. Allgemein hängt die *Schmelztemperatur* einer Molekülverbindung von den zwischenmolekularen Bindungen im Kristall ab. Dabei gelten als Regeln, dass Van-der-Waals-Kräfte schwächer sind als Wasserstoffbrücken, dass aber die Van-der-Waals-Kräfte mit steigender Kettenlänge eines Alkyl-Restes zunehmen. Strukturuntersuchungen haben ergeben, dass in Alkansäurekristallen stets **Doppelmoleküle** vorliegen: Zwei Moleküle lagern sich über zwei Wasserstoffbrücken zusammen. Als Ganzes sind die Doppelmoleküle unpolar.

Die Doppelmoleküle im Eisessig sind also etwa doppelt

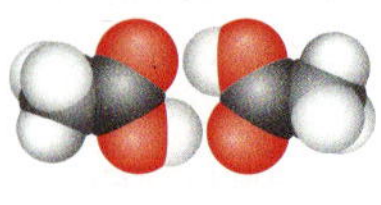

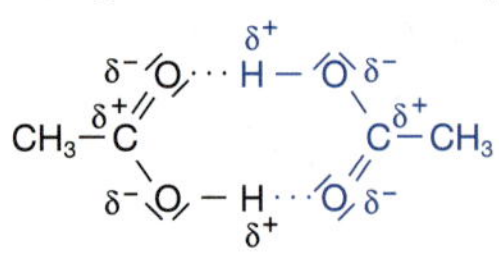

so groß wie die Butan-Moleküle. Die Van-der-Waals-Kräfte im Eisessig sind daher stärker als die Van-der-Waals-Kräfte in Butankristallen. Dies erklärt die höhere Schmelztemperatur der Essigsäure. Auch in der Schmelze liegen Doppelmoleküle vor. Selbst im Dampf über siedender Essigsäure sind sie noch vorhanden. Vergleicht man die Größe der Essigsäure-Doppelmoleküle (molare Masse 120 u) mit der Größe von Octan-Molekülen (molare Masse 114 u) so lässt sich leicht nachvollziehen, warum die *Siedetemperaturen* der beiden Verbindungen nahe beieinander liegen: Die Van-der-Waals-Kräfte sind ähnlich stark: Essigsäure siedet bei 118 °C und Octan bei 114 °C.

Die Löslichkeit von Alkansäuren. Methansäure, Ethansäure, Propansäure und Butansäure mischen sich in jedem Verhältnis mit **Wasser.** Sie sind aufgrund der polaren Carboxyl-Gruppe *hydrophil.* Im Prinzip lassen sich beim Mischen verschiedene Vorgänge unterscheiden:
- Wasser-Moleküle bilden mit COOH-Gruppen der Alkansäure-Moleküle Wasserstoffbrücken aus,
- Wasserstoffbrücken zwischen Wasser-Molekülen werden gelöst,
- die Wasserstoffbrücken in den Doppelmolekülen werden gespalten,
- die Säure-Moleküle werden hydratisiert.

Die genannten Alkansäuren lösen sich deshalb in Wasser, weil sich zwischen den Alkansäure-Molekülen und den Wasser-Molekülen starke Wasserstoffbrückenbindungen ausbilden.

Mit steigender Kettenlänge des Alkyl-Restes lösen sich Alkansäuren zunehmend schlechter in Wasser. Bereits Hexansäure ist nahezu unlöslich. Ursache sind die großen unpolaren Alkyl-Reste, deren Einfluss auf die Stoffeigenschaften nun überwiegt: Die Wechselwirkung der unpolaren Molekülteile mit Wasser-Molekülen ist nur schwach. Zwischen der Carboxyl-Gruppe und Wasser-Molekülen können sich zwar noch Wasserstoffbrücken ausbilden, diese reichen aber nicht aus, den Einfluss des unpolaren Alkyl-Restes auszugleichen.

Umgekehrt sind Essigsäure und die höheren Alkansäuren in lipophilen Lösemitteln wie **Heptan** sehr gut löslich: Die Doppelmoleküle der Alkansäuren mit ihren unpolaren Alkyl-Resten ziehen sich mit den Heptan-Molekülen über Van-der-Waals-Kräfte an. Die Doppelmoleküle der Methansäure haben keinen Alkyl-Rest, Methansäure ist deshalb kaum in Heptan löslich.

Die Molekülstrukturen bestimmen die Schmelz- und Siedetemperaturen der Alkansäuren und ihre Löslichkeit in hydrophilen und lipophilen Lösemitteln.

---

1 Decansäure ist im Gegensatz zu Ethansäure bei Raumtemperatur fest. Begründe den Unterschied.

2 Begründe die Unterschiede in den Siedetemperaturen folgender Verbindungen mit ähnlich großen Molekülen: Pentan (36 °C), Propanal (48 °C), Propan-1-ol (97 °C), Propansäure (141 °C).

3 Propionsäure ist in Wasser und in Heptan löslich. Erkläre.

4 Nenne jeweils ein geeignetes Lösemittel für Methansäure und für Decansäure. Begründe deine Wahl.

Carbonsäuren mit mehreren funktionellen Gruppen

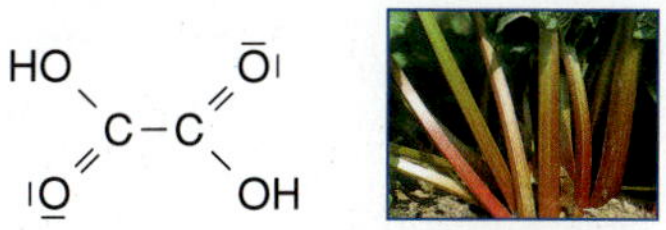
Oxalsäure (Ethandisäure)

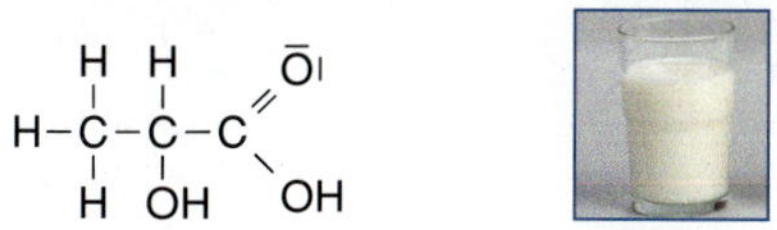
Milchsäure (2-Hydroxypropansäure)

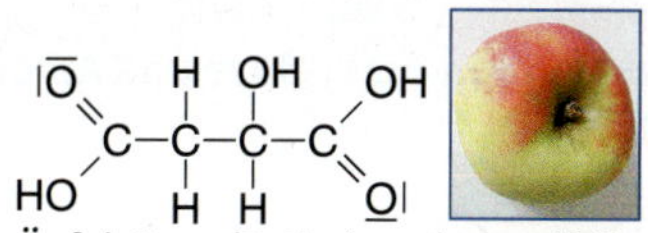
Äpfelsäure (2-Hydroxybutandisäure)

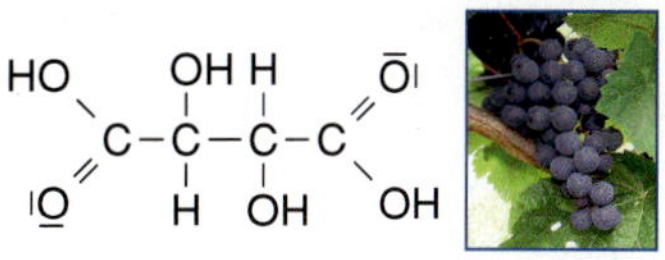
Weinsäure (2,3-Dihydroxybutandisäure)

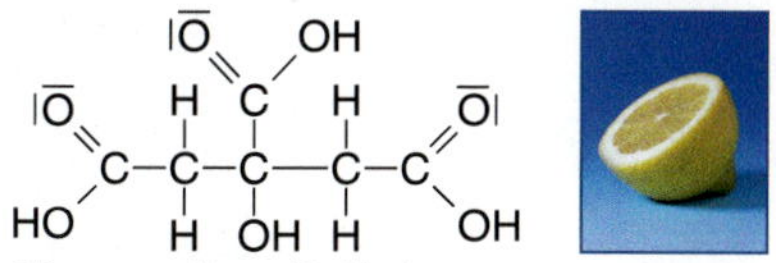
Citronensäure (2-Hydroxy-propan-1,2,3-tricarbonsäure)

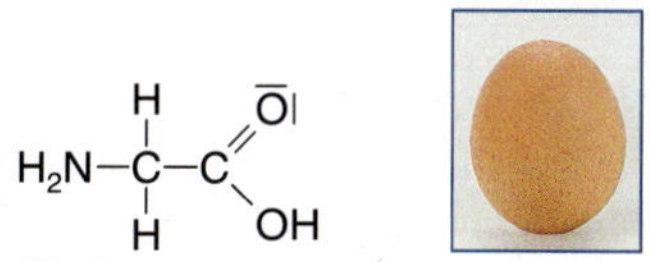
Glycin (Aminoethansäure)

1 *Carbonsäure mit mehreren funktionellen Gruppen*

Carbonsäuren können neben der Carboxyl-Gruppe weitere funktionelle Gruppen aufweisen.

Dicarbonsäuren. Carbonsäuren mit zwei oder mehr Carboxyl-Gruppen sind in der Natur weit verbreitet. **Oxalsäure** (Ethandisäure) ist die einfachste Dicarbonsäure. Sie ist bei Raumtemperatur fest und löst sich gut in Wasser. Aufgrund der beiden Carboxyl-Gruppen reagiert Oxalsäure stärker sauer als Essigsäure; sie bewirkt auch den säuerlichen Geschmack vieler Pflanzen. Beispiele dafür sind Rhabarber, Sauerklee und Spinat. Oxalsäure bildet mit Calcium-Ionen das schwerlösliche Salz *Calciumoxalat,* das bei Menschen mit entsprechender Veranlagung zu Nierensteinen führen kann. Kritische Mengen an Oxalsäure werden aber bei normalem Verzehr von Rhabarber nicht aufgenommen.

Hydroxycarbonsäuren. Viele Carbonsäuren mit einer oder mehreren Hydroxyl-Gruppen sind Stoffwechselprodukte. So wird **Milchsäure** beim bakteriellen Abbau von Milchzucker gebildet. Diese *Milchsäuregärung* ist Grundlage der Herstellung von Sauermilchprodukten, Sauerkraut, Silofutter und Salzgurken. **Weinsäure** und **Äpfelsäure** sind in vielen Früchten enthalten. Ein schwer lösliches Salz der Weinsäure, *Kaliumhydrogentartrat,* setzt sich in Weinfässern als Weinstein ab. **Citronensäure** kommt in Zitronen, Johannisbeeren und Stachelbeeren vor.

Aminosäuren. Carbonsäuren mit einer oder mehreren Amino-Gruppen ($-NH_2$) im Molekül gehören zu den *Aminosäuren.* Alle lebenswichtigen Eiweiß-Moleküle entstehen durch die Verknüpfung vieler Aminosäure-Moleküle zu Makromolekülen, den *Proteinen.* **Glycin** ist die einfachste Aminosäure.

1 Oxalsäure ist ein kristalliner Stoff. Bei starkem Erhitzen entstehen Kohlenstoffdioxid und Ameisensäure, die weiter zu Kohlenstoffmonoxid und Wasser zerfällt. Formuliere die Reaktionsgleichungen.

2 Eine alte Hausregel besagt, dass Spinat nur gekocht gegessen werden sollte. Recherchiere, ob diese Regel sinnvoll ist.

3 Dicarbonsäuren, Hydroxycarbonsäuren und Aminosäuren sind bei Raumtemperatur fest und lösen sich gut in Wasser. Begründe diese Eigenschaften.

4 Die systematische Bezeichnung von Milchsäure ist 2-Hydroxypropansäure. OH-Gruppen können also nicht nur durch die Endung -ol, sondern auch durch die Vorsilbe Hydroxy- benannt werden. Erläutere die IUPAC- Benennung von Citronensäure.

5 Kaliumhydrogentartrat und Kaliumtartrat können im Labor aus Weinsäure und Kalilauge hergestellt werden. Formuliere die Reaktionsgleichungen mit Strukturformeln.

6 **Expertenaufgabe:** 10 ml einer Oxalsäurelösung der Konzentration 0,6 $\frac{mol}{l}$ werden mit 10 ml Natronlauge (1 $\frac{mol}{l}$) und 3 Tropfen Universalindikator versetzt.
a) Nenne die Farbe der Lösung. Begründe.
b) Formuliere die Reaktionsgleichung.

7 Brausepulver enthält neben Natriumhydrogencarbonat ($NaHCO_3$) auch *Citronensäure*. Gibt man Wasser dazu, so schäumt es auf. Formuliere die Reaktionsgleichung.

8 **Expertenaufgabe:** Glycin ist ein kristalliner Stoff. Als Feststoff und in wässriger Lösung liegt Glycin als Zwitterion ($CH_2(NH_3^+)(COO^-)$) vor. Erkläre, wie sich das Zwitterion bildet.

Versuch 1:
Reaktion von Essigsäure und Ameisensäure mit Metallen

Materialien: Pipette;
Magnesiumpulver (**2**), Kupferspäne, Essigsäure (verd.), Ameisensäure (verd., **5**).

Durchführung:
1. Gib in ein Reagenzglas eine Spatelspitze Magnesiumpulver und versetze es vorsichtig tropfenweise mit 5 ml Essigsäure.
2. Halte ein zweites Reagenzglas darüber und fange das entstehende Gas darin auf.
3. Führe die Knallgasprobe durch.
4. Wiederhole den Versuch mit Ameisensäure.
5. Gib in ein Reagenzglas einige Kupferspäne und versetze diese mit 5 ml Essigsäure.
6. Wiederhole den Versuch mit Ameisensäure.

Aufgaben:
a) Notiere deine Beobachtungen.
b) Begründe die unterschiedlichen Ergebnisse bei den Reaktionen der beiden Säuren mit Magnesium und Kupfer.
c) Stelle die Wortgleichungen und Reaktionsgleichungen auf.
d) Die Metalle Eisen, Zink und Silber werden mit Essigsäure versetzt. Bei welchen Metallen kommt es zur Reaktion? Begründe deine Antwort.

Versuch 2:
Reaktion von Essigsäure mit Kupferoxid

Materialien: Uhrglas, Gasbrenner, Trichter, Filterpapier;
Kupferoxid (**7**, **9**), Essigsäure (10%, **7**).

Durchführung:
1. Gib in ein Reagenzglas zwei Spatelspitzen Kupferoxid und versetze es mit 5 ml Essigsäure.
2. Erwärme die Mischung vorsichtig und filtriere die Lösung anschließend ab.
3. Gib einige Tropfen des Filtrats auf das Uhrglas und stelle dieses bis zur nächsten Stunde unter den Abzug.

Aufgaben:
a) Notiere deine Beobachtungen.
b) Werte die Beobachtungen aus und stelle die Wortgleichung und Reaktionsgleichung auf.

Versuch 3:
Essig contra Rost

Materialien: Essigessenz (25%, **5**), rostiger Eisennagel.

Durchführung:
1. Gib in ein Reagenzglas 5 ml Essigessenz.
2. Lasse den rostigen Eisennagel vorsichtig in das Reagenzglas hineingleiten.
3. Schüttle das Reagenzglas nach einigen Minuten vorsichtig.
4. Verschließe das Reagenzglas mit einem Stopfen und lasse es bis zur nächsten Unterrichtsstunde stehen.

Aufgaben:
a) Notiere deine Beobachtungen.
b) Werte die Beobachtungsergebnisse aus.

Versuch 4:
Untersuchung von Essigsäure

Materialien: Leitfähigkeitsprüfer, Becherglas, Tropfpipette;
Essigsäure (verd.), Natronlauge (verd., **5**), Universalindikatorlösung (**2**, **7**).

Durchführung:
1. Prüfe den Geruch der Essigsäure.
2. Untersuche die elektrische Leitfähigkeit von Essigsäure.
3. Gib in ein Reagenzglas etwa 2 ml Essigsäure und ermittle mit der Indikatorlösung den pH-Wert.
4. Neutralisiere die Essigsäure durch tropfenweise Zugabe von verdünnter Natronlauge.

Aufgaben:
a) Notiere deine Beobachtungen.
b) Begründe das Ergebnis der Leitfähigkeitsmessung.
c) Formuliere die Reaktionsgleichung für die Neutralisation. Verwende die Ionenschreibweise.

Versuch 5:
Carbonsäuren contra Kalk

Materialien: Kunststoffspritze mit langer Kanüle; Essigsäure (verd.), Ameisensäure (verd. **5**), Calciumcarbonat, Kalkwasser, Klarspüler für Geschirrspülmaschinen, Universalindikatorlösung (**2**, **7**).

Durchführung:
1. Gib in ein Reagenzglas zwei Spatelspitzen Calciumcarbonat und versetze es mit 5 ml Essigsäure.
2. Entnimm mit der Kunstoffspritze nach zwei Minuten etwas Gas aus dem Reagenzglas und leite es in ein kleines Becherglas mit Kalkwasser ein.
3. Wiederhole den Versuch mit Ameisensäure.
4. Gib in ein Reagenzglas 3 ml Klarspüler und versetze ihn mit einigen Tropfen Universalindikator lösung.

Aufgaben:
a) Notiere deine Beobachtungen.
b) Werte die Beobachtungsergebnisse aus und stelle die Reaktionsgleichungen auf.
c) Recherchiere die handelsüblichen Inhaltsstoffe von flüssigen Entkalkern für Kaffeemaschinen.
d) Erläutere die Aufgabe des Klarspülers für den Reinigungsvorgang in der Geschirrspülmaschine. Nutze das Internet.

Versuch 6:
Essig aus Wein

Materialien: 2 Erlenmeyerkolben (Weithals, 250 ml), pH-Meter, Stopfen, Watte; Wein.

Durchführung:
1. Fülle die beiden Erlenmeyerkolben zur Hälfte mit Wein und bestimme den pH-Wert.
2. Verschließe den einen Kolben fest mit dem Stopfen und den anderen Kolben locker mit einem Wattebausch. Stelle beide Proben an einen warmen Ort.
3. Ermittle den pH-Wert der beiden Ansätze nach einer und nach zwei Wochen. Prüfe auch den Geruch.

4. Gib in ein Reagenzglas 3 ml Klarspüler und versetze ihn mit einigen Tropfen Universalindikator lösung.

Aufgaben:
a) Notiere deine Beobachtungen.
b) Werte die Beobachtungsergebnisse aus.

Versuch 7 für Experten:
Wie funktioniert ein Wärmekissen?

Materialien: Becherglas (250 ml, hohe Form), Thermometer, Heizplatte, Waage; Natriumacetat-Trihydrat .

Durchführung:
1. Fülle das Becherglas zur Hälfte mit Wasser und erwärme es auf 80 °C.
2. Wiege in einem Reagenzglas 12 g Natriumacetat-Trihydrat ab. Versetze es mit 3 ml destilliertem Wasser und stelle das Thermometer hinein.
3. Stelle das Reagenzglas in das heiße Wasserbad und warte, bis das Salz geschmolzen ist.
4. Stelle das Reagenzglas mit dem Thermometer anschießend in einen Reagenzglasständer und lasse es ohne Erschütterung auf 20 °C abkühlen.
5. Gib ein Natriumacetat-Trihydrat-Kristall in das Reagenzglas.

Aufgaben:
a) Notiere deine Beobachtungen.
b) Erläutere die Funktionsweise eines Wärmekissens unter Einbeziehung der Beobachtungsergebnisse. Nutze das Internet.

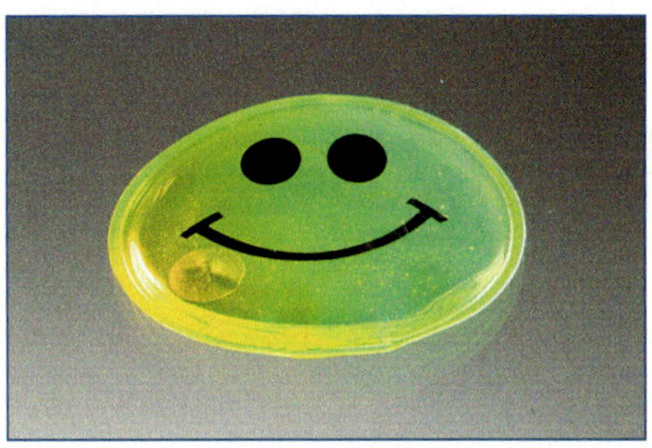

Bei Lösungen entscheidet die Konzentration

1 *Essig mit unterschiedlichen Konzentrationen*

Wer kennt das nicht: Der Griff zur falschen Flasche und schon ist das Salatdressing oder die Suppe zu sauer und ungenießbar. Haushaltsessig wird meist in zwei Konzentrationen angeboten: als 25 %ige Essenz oder als Tafelessig mit 5 % Säure (Abb. 1).

Stoffmengenkonzentration. Im Alltag sind Gehaltsangaben auf der Basis des *Massenanteils* ***w*** oder des *Volumenanteils σ* meist ausreichend.

$$w = \frac{m\,(\text{gelöster Stoff}) \cdot 100}{m\,(\text{Lösung})}; \quad \text{Einheit: \%}$$

$$\sigma = \frac{V(\text{gelöster Stoff}) \cdot 100}{V(\text{Lösung})}; \quad \text{Einheit: \%}$$

In der Chemie erwartet man jedoch in vielen Fällen eine Konzentrationsangabe, die sich auf die Anzahl der Teilchen in einer Lösung bezieht. Eine solche *Gehaltsangabe* ist die *Stoffmengenkonzentration* *c* (engl. *concentration*). Sie gibt an, welche Stoffmenge eines Stoffes in einem bestimmten Volumen vorliegt:

$$c\,(\text{gelöster Stoff}) = \frac{n\,(\text{gelöster Stoff})}{V\,(\text{Lösung})}; \quad \text{Einheit: } \frac{\text{mol}}{\text{l}}$$

Will man die Stoffmengenkonzentration einer Citronensäurelösung berechnen, die 20 g Citronensäure ($C_6H_8O_7$) in 100 ml Lösung enthält, so muss man zunächst die Stoffmenge *n* aus der Masse und der molaren Masse ermitteln. Die molare Masse für Citronensäure beträgt 192 $\frac{\text{g}}{\text{mol}}$.

$$n\,(C_6H_8O_7) = \frac{m\,(C_6H_8O_7)}{M\,(C_6H_8O_7)} = \frac{40\,\text{g}}{192\,\frac{\text{g}}{\text{mol}}} = 0{,}2\,\text{mol}$$

Die Stoffmengenkonzentration ergibt sich nun aus der Stoffmenge *n* und dem Volumen *V*:

$$c\,(C_6H_8O_7) = \frac{n(C_6H_8O_7)}{V(\text{Lösung})} = \frac{0{,}2\,\text{mol}}{0{,}1\,\text{l}} = 2\,\frac{\text{mol}}{\text{l}}$$

Umrechnung. Um zwischen der Stoffmengenkonzentration und dem Massenanteil umzurechnen, muss man beide Größengleichungen umstellen:

$$c = \frac{n}{V}: \quad n = \frac{m}{M} \Rightarrow c = \frac{m}{V \cdot M} \Rightarrow m = c \cdot V \cdot M$$

$$w = \frac{m}{m\,(\text{Lösung})} \Rightarrow m = w \cdot m\,(\text{Lösung})$$

Durch Gleichsetzung beider Gleichungen erhält man:

$$c \cdot V \cdot M = w \cdot m\,(\text{Lösung})$$

$$c = \frac{w \cdot m\,(\text{Lösung})}{V \cdot M} \quad \text{und} \quad w = \frac{c \cdot V \cdot M}{m\,(\text{Lösung})}$$

Zur Umrechnung der Stoffmengenkonzentration in den Massenanteil benötigt man also die molare Masse *M* und die Dichte $\frac{m}{V}$ der Lösung. Die Dichte liegt bei verdünnten wässerigen Lösungen meist nahe bei 1 $\frac{\text{g}}{\text{cm}^3}$.
Für Salzwasser mit einem Natriumchloridgehalt von 2,9 % (= 0,029) und einer Dichte von 1,022 $\frac{\text{g}}{\text{cm}^3}$ ergibt sich für die Konzentration:

$$c = \frac{0{,}029 \cdot 1022\,\frac{\text{g}}{\text{l}}}{58{,}8\,\frac{\text{g}}{\text{mol}}} = 0{,}5\,\frac{\text{mol}}{\text{l}}$$

Die Stoffmengenkonzentration von Salzwasser mit einem Massenanteil von 2,9 % beträgt 0,5 $\frac{\text{mol}}{\text{l}}$.

1 Erläutere an einem Beispiel die chemische Größe Stoffmengenkonzentration.

2 500 ml Zuckerlösung enthalten 3 g Traubenzucker ($C_6H_{12}O_6$). Berechne die Stoffmengenkonzentration.

3 Berechne die Masse an Kaliumiodid, die in 100 ml einer KI-Lösung mit der Stoffmengenkonzentration 0,01 $\frac{\text{mol}}{\text{l}}$ enthalten ist.

4 Berechne die Stoffmenge an Wasserstoff-Ionen, die in 25 ml Salzsäure der Konzentration 0,1 $\frac{\text{mol}}{\text{l}}$ enthalten ist.

Praktikum Carbonsäureester

Versuch 1: Synthese eines Carbonsäureesters

Arbeitsauftrag: Plane die Durchführung eines Experimentes, bei dem Ethanol und Essigsäure miteinander reagieren. Ein Reaktionsprodukt (2, 7) soll laufend aus der Apparatur entfernt werden und auf Geruch, Wasserlöslichkeit und Löslichkeit in Heptan überprüft werden.

Materialien: Geräte nach eigener Planung; Schwefelsäure (konz., **5**, **B1**), Eisessig (**2**, **5**, **B1**), Ethanol (**2**, **7**), Heptan (**2**, **7**, **8**, **9**, **B3**), Methylenblaulösung, Eiswasser.

Aufgaben:

a) Plane eine Versuchsanleitung für das Experiment und erstelle eine Skizze des Versuchsaufbaus.
b) Baue das Experiment auf und führe es nach Überprüfung durch die Lehrkraft durch (**B1**, **B3**).
c) Protokolliere deine experimentelle Arbeit.
d) Formuliere die Reaktionsgleichung.

Versuch 2: Hydrolyse von Essigsäureethylester

Materialien: Tropfpipette, Wasserbad, Becherglas (500 ml), Siedesteinchen; Essigsäureethylester (**2**, **7**), Natronlauge (verd., **5**), Universalindikatorlösung (**2**, **7**).

Durchführung:

1. Fülle das Becherglas halb voll mit Wasser und stelle es bei etwa 90 °C in das Wasserbad.
2. Gieße in ein Reagenzglas je 1 ml Essigsäureethylester und Natronlauge. Gib noch 3 Tropfen Universalindikator und ein Siedesteinchen zu.
3. Stelle das Reagenzglas in das Becherglas mit dem heißen Wasser.
4. Gieße das Produkt nach dem Abkühlen in ein Reagenzglas, das zur Hälfte mit Wasser gefüllt ist.

Aufgaben:

a) Beschreibe deine Beobachtungen.
b) Formuliere die Reaktionsgleichung.

Versuch 3: Synthese von Aromastoffen

Materialien: Tropfpipetten, 6 Bechergläser (100 ml), Wasserbad, Thermometer; Ameisensäure (**2**, **5**), Eisessig (**2**, **5**), Propansäure (**5**, **7**), Pentansäure (**5**), Ethanol (**2**, **7**), Butan-1-ol (**2**, **5**, **7**), Pentan-1-ol (**2**, **7**), Schwefelsäure (konz., **5**).

Durchführung:

1. Mische in einem Reagenzglas jeweils 3 ml Alkansäure und Alkohol. Folgende Kombinationen sind sinnvoll: Ameisensäure/Ethanol, Eisessig/Ethanol, Eisessig/Butan-1-ol, Eisessig/Pentan-1-ol, Propansäure/Ethanol, Pentansäure/Ethanol.
2. Gib anschließend vorsichtig 0,5 ml konzentrierte Schwefelsäure zu.
3. Stelle die Reagenzgläser 5 min bei etwa 80 °C in das Wasserbad.
4. Gieße dann jede Mischung in ein halbvoll mit Wasser gefülltes Becherglas und prüfe vorsichtig den Geruch (**B3**).

Aufgabe:

Stelle für die Estersynthesen Reaktionsgleichungen auf und notiere den jeweiligen Geruch.

Versuch 4 für Experten: Polyester aus Citronensäure

Materialien: Tropfpipette, Holzstab, Gasbrenner, Tiegelzange; Citronensäure (**7**), Glycerin.

Durchführung:

1. Fülle in ein Reagenzglas 2 cm hoch Citronensäure und mische 2 ml Glycerin zu.
2. Erhitze die Mischung 2 min vorsichtig mit dem Gasbrenner.
3. Ziehe mit dem Holzstab Fäden.

Aufgaben:

a) Notiere deine Beobachtungen und beschreibe die Eigenschaften des Produktes.
b) Erkläre den Begriff *Polyester.*

Ester – Produkte aus Alkoholen und Säuren

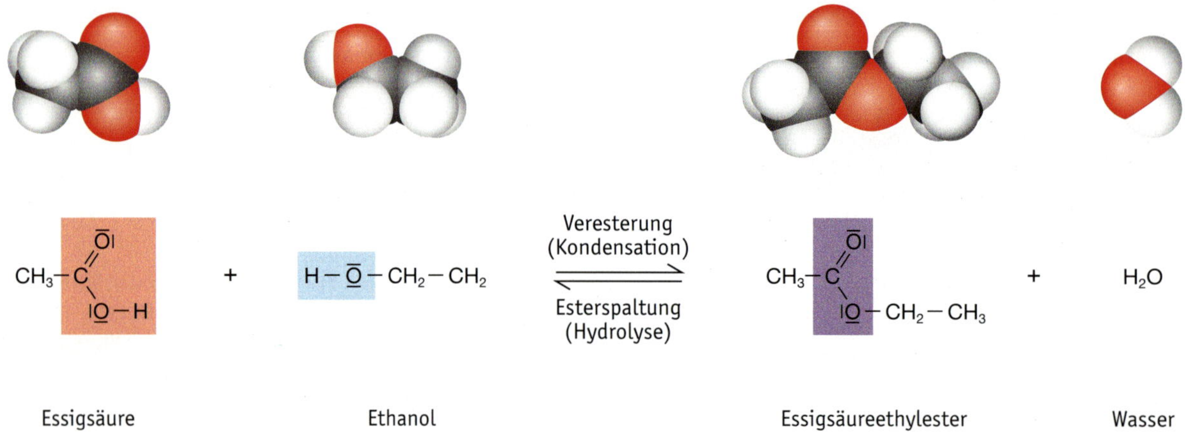

1 *Estersynthese und Esterspaltung*

Lässt man ein Gemisch aus Essigsäure und Ethanol über Nacht stehen, so verschwindet der stechende Geruch nach Essigsäure und es riecht nach Klebstoff. Ein neuer Stoff ist entstanden: ein **Ester**.

Veresterung. Die Reaktion zwischen einer Carbonsäure und einem Alkohol nennt man *Veresterung*. Essigsäure und Ethanol reagieren dabei zu Essigsäureethylester (Ethansäureethylester) und Wasser (Abb. 1). Häufig wird konzentrierte Schwefelsäure zugesetzt; sie wirkt als Katalysator.

Die Veresterung ist eine Substitution: Eine Atom-Gruppe wird durch eine andere ersetzt. Bei der Esterbildung wird die OH-Gruppe der Säure durch den Rest des Alkohol-Moleküls ersetzt (R^2-O-). Die OH-Gruppe der Säure und das Wasserstoff-Atom des Alkohols reagieren zu Wasser. Dieser Reaktionstyp kommt in der organischen Chemie häufiger vor: Zwei Moleküle verbinden sich und gleichzeitig wird ein kleineres Molekül abgespalten. Man bezeichnet diesen Reaktionstyp als **Kondensation**.

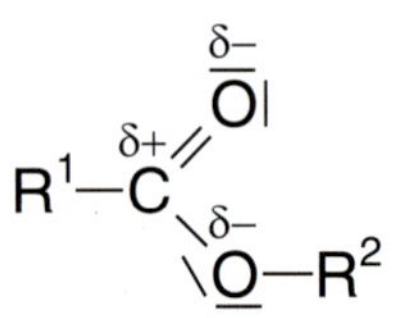

Der Name des Esters wird aus dem Namen der Säure, dem Namen des Alkyl-Restes des Alkohols und der Endung -ester gebildet. Aus Ethansäure und Ethanol entsteht Ethansäureethylester. Die allgemeine Formel für Carbonsäureester lautet: **R^1COOR^2.** Die funktionelle Gruppe der Carbonsäureester ist die **Ester-Gruppe: –COO**.

Esterspaltung. Wird ein Gemisch aus Butansäureethylester und Wasser unter Rückflusskühlung erhitzt, ist anschließend der Geruch von Buttersäure wahrnehmbar. Daraus kann man folgern, dass der Ester gespalten wurde. Da die Esterspaltung unter Wasseraufnahme erfolgt, wird diese Reaktion als **Hydrolyse** bezeichnet.

Umkehrbare Reaktion. Veresterung und Esterspaltung sind umkehrbare Reaktionen: Aus den Produkten Ester und Wasser können wieder die Ausgangsstoffe Carbonsäure und Alkohol zurückgebildet werden. Die beiden Reaktionen lassen sich in einer allgemeinen Gleichung für die Hinreaktion und die Rückreaktion beschreiben:

$$R^1\text{-CO}\mathbf{OH} + \mathbf{OH}\text{-}R^2 \underset{\text{Esterspaltung Rückreaktion}}{\overset{\text{Veresterung Hinreaktion}}{\rightleftharpoons}} R^1\text{-COO-}R^2 + \mathbf{H_2O}$$

Um bei der Veresterung eine hohe Ausbeute zu erzielen, destilliert man den Ester ab und verhindert so die Rückreaktion von Ester und Wasser.

Eigenschaften. Ester-Moleküle können untereinander keine Wasserstoffbrücken ausbilden, da sie keine freie OH-Gruppe besitzen. Sie schmelzen und sieden deshalb bei einer niedrigeren Temperatur als Alkohole oder Carbonsäuren. Obwohl Ester-Moleküle polare C=O-Bindungen enthalten, sind sie eher unpolar, denn die unpolaren Alkyl-Reste überwiegen in ihrem Einfluss auf die Polarität der Moleküle. Ester lösen sich daher leicht in unpolaren (lipophilen) Lösemitteln wie Heptan.

Ester höherer Carbonsäuren und höherer Alkohole sind farblose Feststoffe. Ester aus kurzkettigen Carbonsäuren und kurzkettigen Alkoholen sind dagegen farblose, flüchtige Flüssigkeiten mit erfrischendem, oft aromatischem Geruch. Die Dämpfe leichtflüchtiger Ester können zu schweren Schädigungen des Gehirns führen, etwa wenn Ester als Schnüffelstoffe missbraucht werden.

Vorkommen und Verwendung. Viele Ester bestimmen in Kombination mit anderen Stoffen das typische Aroma und den Geruch von Früchten (Abb. 2). Solche **Fruchtester** können als *Aromastoffe* verwendet werden.

Ester sind ausgezeichnete *Lösemittel* für lipophile Stoffe wie Lacke und Klebstoffe. Nagellackentferner enthalten daher Essigsäureethylester als Lösemittel.

Als *Wachse* bezeichnet man Ester, die aus langkettigen Carbonsäuren und langkettigen Alkoholen gebildet werden. Solche Ester treten vielfach im Tierreich und im Pflanzenreich auf. Sie sind wasserabweisend und bilden eine Schutzschicht gegen Verdunstung. Das bekannteste natürlich vorkommende Wachs ist das Bienenwachs. Sein Hauptbestandteil ist der Palmitinsäuremyricylester:

$C_{15}H_{31}-COO-C_{30}H_{61}$

Ester, die aus höheren Carbonsäuren und dem dreiwertigen Alkohol Glycerin gebildet werden, nennt man *Fette*. Im Tierreich und im Pflanzenreich spielen Fette eine wichtige Rolle als Reservestoffe. Praktisch alle Organismen speichern überschüssige Energie in Form von Fett, das in Zeiten schlechter Versorgung mit Nährstoffen das Überleben sichert.

Ester anorganischer Säuren. Anorganische Säuren bilden mit Alkoholen ebenfalls Ester. *Phosphorsäureester* spielen in der Natur als Träger des Erbmaterials und beim Energiestoffwechsel eine wichtige Rolle.

Salpetersäureester bilden sich leicht aus Alkoholen und konzentrierter Salpetersäure. Manche dieser Ester explodieren beim Erhitzen oder durch Schlag. Ein Beispiel für einen solchen Explosivstoff ist Nitroglycerin (Trisalpetersäureglycerinester), das Reaktionsprodukt aus dem Alkohol Glycerin und Salpetersäure (Abb. 3). Durch Aufsaugen des Esters in Kieselgur stellte der schwedische Chemiker Alfred NOBEL 1867 erstmals *Dynamit* her, das nur durch Initialzündung zur Explosion gebracht werden kann. So gelang NOBEL die Überführung des gefährlichen Sprengöls in einen transportsicheren Sprengstoff.

2 *Formel und Verwendung von Nitroglycerin*

Säure	Alkohol	Ester	
CH_3COOH Ethansäure	HOC_5H_{11} Pentan-1-ol	$CH_3COOC_5H_{11}$ Ethansäure-pentylester	
C_3H_7COOH Butansäure	$HOCH_3$ Methanol	$C_3H_7COOCH_3$ Butansäure-methylester	
C_3H_7COOH Butansäure	$HOCH_2CH_3$ Ethanol	$C_3H_7COOCH_2CH_3$ Butansäure-ethylester	
C_3H_7COOH Butansäure	HOC_5H_{11} Pentan-1-ol	$C_3H_7COOC_5H_{11}$ Butansäure-pentylester	
C_4H_9COOH Pentansäure	HOC_5H_{11} Pentan-1-ol	$C_4H_9COOC_5H_{11}$ Pentansäure-pentylester	

3 *Fruchtester*

Ester entstehen bei der Reaktion von Säuren mit Alkoholen. Als Nebenprodukt bildet sich Wasser. Veresterung und Esterspaltung sind umkehrbare Reaktionen.

1 Benenne den Ester, der aus Propansäure und Methanol entsteht. Gib die vereinfachte Strukturformel an.

2 a) Formuliere die Reaktionsgleichung für die Synthese eines Esters aus Methanol und Butansäure.
b) Markiere im Ester den Rest der Säure und den des Alkohols mit unterschiedlichen Farben.
c) Vergleiche Veresterung und Neutralisation.

3 In einem Rundkolben mit Rückflusskühler wird Pentansäurepropylester mit etwas Wasser und einigen Tropfen Schwefelsäure erhitzt. Benenne die Stoffe, die sich nach einiger Zeit im Kolben befinden.

4 Bei einem Experiment wird die gleiche Tropfenzahl von Ethansäure, Ethanol und Ethansäureethylester getrennt voneinander auf ein großes Stück Filterpapier aufgetragen. Gib die zeitliche Reihenfolge an, in der die Flecken verschwinden. Begründe deine Entscheidung.

5 Wähle für Butansäurepentylester geeignete Lösemittel aus. Als Lösemittel stehen zur Verfügung:
Wasser, Heptan, Methanol, Ethansäureethylester.
Begründe deine Wahl.

6 Zwei Citronensäure-Moleküle und ein Glycerin-Molekül reagieren in einer Kondensationsreaktion miteinander. Zeige, welche Moleküle entstehen können. Du kannst dich dabei auf zwei Moleküle beschränken.

Reaktionsgeschwindigkeit

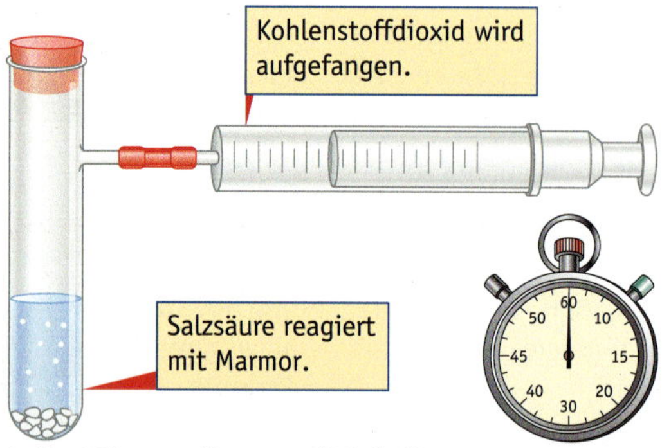

1 *Reaktion von Marmor mit Salzsäure*

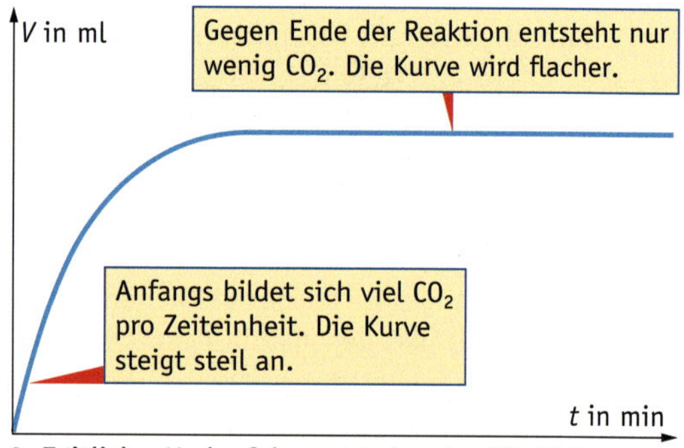

2 *Zeitlicher Verlauf des entstehenden CO_2-Volumens*

Chemische Reaktionen verlaufen unterschiedlich schnell: So gehören Explosionen zu den extrem schnellen Reaktionen, das Rosten von Eisen dagegen zu den sehr langsamen. Vor allem in der industriellen Chemie spielt die *Geschwindigkeit chemischer Reaktionen* eine große Rolle, denn in kurzer Zeit soll eine hohe Ausbeute erzielt werden. Nur so ist wirtschaftliche Effektivität möglich.

Bestimmung der Reaktionsgeschwindigkeit. Um den zeitlichen Ablauf einer chemischen Reaktion zu beschreiben, verwendet man Messwerte, die sich mit dem Verbrauch von Ausgangsstoffen oder der Bildung von Reaktionsprodukten ändern.

Dies lässt sich sehr gut an der Reaktion von Marmorstückchen (Calciumcarbonat) mit Salzsäure (Abb. 1) verfolgen. Dabei bildet sich Kohlenstoffdioxid:

$$CaCO_3\,(s) + 2\,H^+\,(aq) \rightarrow CO_2\,(g) + Ca^{2+}\,(aq) + H_2O\,(l)$$

Fängt man das entstehende CO_2 mit einem Kolbenprober auf, kann das Volumen in bestimmten Zeitabständen gemessen werden. Stellt man das Volumen in Abhängigkeit von der Reaktionszeit in einem Koordinatensystem grafisch dar, erhält man eine ansteigende Kurve, die immer flacher wird (Abb. 2): Die pro Zeiteinheit gebildete Menge an Kohlenstoffdioxid ist zu Beginn der Reaktion groß. Die Reaktion wird nach und nach langsamer und hört schließlich ganz auf.

Abhängigkeit der Reaktionsgeschwindigkeit. Setzt man bei der Reaktion mit Salzsäure pulverisiertes Calciumcarbonat ein, so verläuft die Reaktion wesentlich schneller als mit Marmorstücken. Das fein verteilte Pulver hat bei gleicher Masse eine viel größere reaktive Oberfläche als ein kompaktes Stück. Der höhere **Zerteilungsgrad** führt demnach zu einer größeren Reaktionsgeschwindigkeit.

Mit konzentrierter Säure reagiert Marmor heftiger als mit verdünnter Säure: Mit der Anzahl der Teilchen in der Lösung erhöht sich auch die Anzahl der Zusammenstöße, die Voraussetzung für eine Reaktion sind. Daher ist auch die Geschwindigkeit zu Beginn einer Reaktion viel größer als gegen Ende der Reaktion. Die Reaktionsgeschwindigkeit nimmt also mit sinkender **Konzentration** ab.

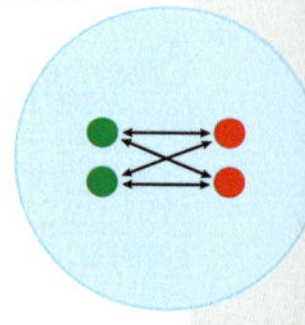

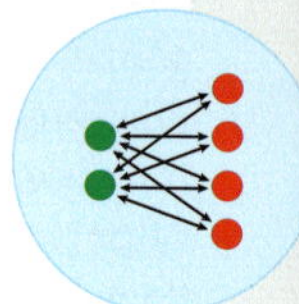

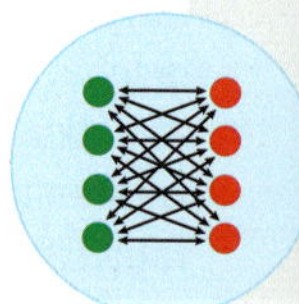

Praktisch alle Reaktionen lassen sich beschleunigen, indem man die **Temperatur** erhöht: Bei höherer Temperatur bewegen sich die Teilchen schneller; sie stoßen daher öfter und auch heftiger zusammen. Aber nicht jeder Zusammenstoß führt zu einer Reaktion: Die Teilchen müssen eine bestimmte Mindestgeschwindigkeit besitzen, denn erst dann können die bestehenden Bindungen zwischen den Atomen gespalten werden. Da die Geschwindigkeit der Teilchen mit der Temperatur zunimmt, erhöht sich die Anzahl der erfolgreichen Stöße und somit auch die Reaktionsgeschwindigkeit.

Viele Reaktionen, die bei Raumtemperatur sehr langsam verlaufen, lassen sich auch durch den Einsatz eines **Katalysators** beschleunigen.

1 Erläutere den zeitlichen Verlauf der Reaktion von Marmor mit Salzsäure.

2 Erkläre den Einfluss der Faktoren, die die Reaktionsgeschwindigkeit beeinflussen.

1.4 Chemisches Gleichgewicht

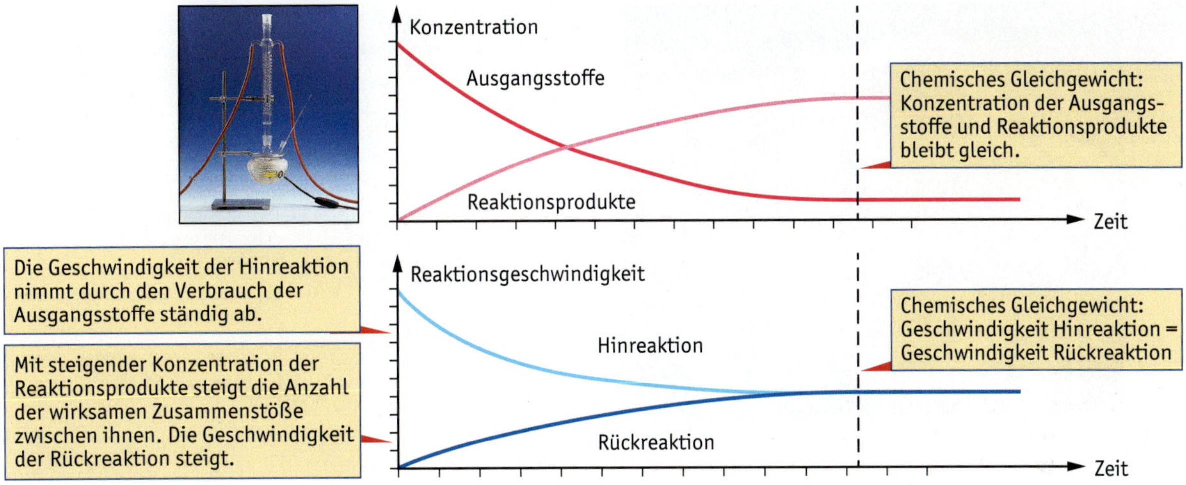

1 *Einstellung des chemischen Gleichgewichts*

Die Veresterung und die Hydrolyse eines Esters sind *umkehrbare Reaktionen*. Bei solchen Reaktionen laufen *Hinreaktion* und *Rückreaktion* gleichzeitig ab.

Einstellung des Gleichgewichts. Gibt man Methanol und Essigsäure in ein geschlossenes Gefäß, so reagieren die beiden Stoffe miteinander: Es bilden sich Ester und Wasser und die Rückreaktion setzt ein. Bei genauer Betrachtung nimmt mit dem Verbrauch an Methanol und Essigsäure die Geschwindigkeit der Hinreaktion ab. Gleichzeitig wird die Geschwindigkeit der Rückreaktion größer, da die Konzentration an Ester und an Wasser zunimmt (Abb. 1). Nach einer bestimmten Zeit ist die Geschwindigkeit der Rückreaktion ebenso groß wie die Geschwindigkeit der Hinreaktion. Jetzt wird genausoviel Ester gebildet wie gleichzeitig zersetzt wird. Die Konzentration der Ausgangsstoffe und Reaktionsprodukte ändert sich daher nicht mehr. Diesen Zustand bezeichnet man als *chemisches Gleichgewicht*. Da aber weiterhin Stoffe gebildet werden und gleichzeitig zerfallen, spricht man von einem **dynamischen Gleichgewicht.**

In der Reaktionsgleichung weist man durch einen *Gleichgewichtspfeil* darauf hin, dass die Reaktion zu einem Gleichgewicht führt:

$$CH_3COOH + CH_3OH \rightleftharpoons CH_3COOCH_3 + H_2O$$

Bei der Reaktion von 1 mol Ethansäure mit 1 mol Methanol liegen im Gleichgewicht neben 0,67 mol Ester und 0,67 mol Wasser je 0,33 mol der beiden Ausgangsstoffe vor. Zu der gleichen Zusammensetzung des Stoffgemischs kommt man auch, wenn die Hydrolyse von 1 mol Essigsäuremethylester mit 1 mol Wasser durchgeführt wird. Das Gleichgewicht stellt sich also gleichermaßen von beiden Seiten der Reaktion ein.

Beeinflussung des Gleichgewichts. Die Zusammensetzung eines Stoffgemischs im Gleichgewichtszustand hängt von der Temperatur, vom Druck und von der Konzentration ab. Diesen Größen beeinflussen die Lage des Gleichgewichts. Erhöht man die Konzentration eines Ausgangsstoffes, so verschiebt sich das Gleichgewicht zu den Reaktionsprodukten. Eine Konzentrationserhöhung des Esters dagegen bewirkt, dass die Hydrolysereaktion bevorzugt abläuft. Erhöht man die Temperatur, so läuft verstärkt die endotherme Reaktion ab. Beim Estergleichgewicht führt eine Temperaturerhöhung zur Verschiebung des Gleichgewichts auf die Seite der Ausgangsstoffe, da die Hydrolyse endotherm verläuft.

In einem chemischen Gleichgewicht laufen Hinreaktion und Rückreaktion mit gleicher Geschwindigkeit gleichzeitig ab. Die Konzentration der Ausgangsstoffe und der Produkte ist daher konstant.

1 a) Erläutere am Beispiel der Veresterung von Propansäure mit Butanol die Einstellung des chemischen Gleichgewichts von der Seite der Ausgangsstoffe und der Seite der Reaktionsprodukte.
b) Beschreibe, wie sich die Konzentrationen und die Reaktionsgeschwindigkeiten bis zur Einstellung des Gleichgewichtszustandes ändern.
c) Erkläre, inwiefern das chemische Gleichgewicht ein dynamisches Gleichgewicht ist.

2 Nenne Beispiele für umkehrbare Reaktionen.

3 Bei Reaktionen in der chemischen Industrie ist die Einstellung eines chemischen Gleichgewichts oft störend. Erkläre diesen Sachverhalt.

1.5 Duft- und Aromastoffe *

1 *Vorbereitung einer Wasserdampfdestillation*

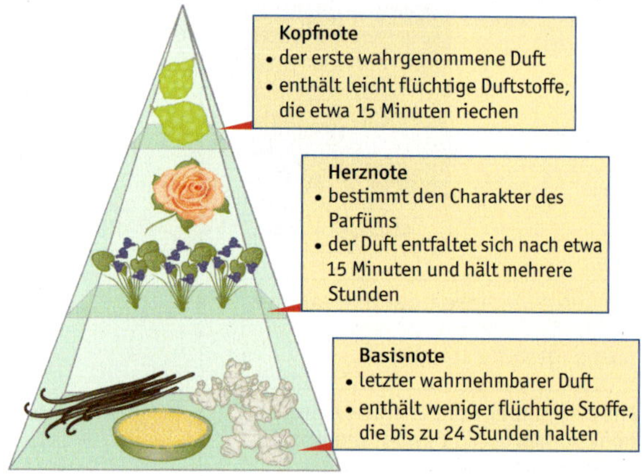

2 *Duftpyramide*

Süß, salzig, sauer, bitter und umami (fleischig) sind die fünf Geschmacksqualitäten, die wir unterscheiden können. Jedoch erschließt sich uns erst im Zusammenspiel mit dem Geruchssinn das weite Feld des Geschmacks. Ist der Geruchssinn beeinträchtigt, schmeckt man auch weniger. Jeder kennt dieses Phänomen vom Schnupfen.

Der Geruchs- und der Geschmacksinn gehören zu den chemischen Sinnen. Dabei lösen Substanzen Reize an speziellen Rezeptorzellen aus. Während **Duftstoffe** leicht flüchtige Substanzen sind und über die Luft die Riechrezeptoren erreichen, werden **Aromastoffe** erst durch die Wärme und Feuchtigkeit im Mund freigesetzt.

Duftstoffe. In der Duftstoffindustrie werden heute etwa 3000 verschiedene Duftstoffe verwendet, rund 300 davon sind natürlichen Ursprungs. Oft kommen die Duftstoffe nicht rein vor, sondern es handelt sich um Gemische aus bis zu 500 einzelnen Duftstoffkomponenten. Wichtige Duftgemische sind ätherische Öle aus Pflanzenteilen wie Blüten oder Blättern; andere sind tierische Produkte wie Ambra oder Moschus.

Im Laufe der Zeit haben sich unterschiedliche Trennverfahren für die Gewinnung von Duftstoffen entwickelt: Für die *Kaltextraktion* zerkleinert man das Pflanzenmaterial und zerreibt es mit Alkohol. Anschließend wird filtriert. Bei der *Enfleurage* werden Blütenblätter auf geruchloses Fett oder Wachs aufgelegt und gepresst. Das Fett nimmt so die Duftstoffe der Blüten auf. Anschließend wird das Fett mit Alkohol extrahiert. Die alkoholische Lösung wird dann weiterverarbeitet.

Die meisten der ätherischen Öle gewinnt man aber durch *Wasserdampfdestillation*. Dazu werden die besonders empfindlichen Öle mit Wasserdampf aus den Pflanzenzellen herausgelöst (Abb. 1) und danach schonend abdestilliert.

Neben der Gewinnung von natürlichen Duftstoffen spielt die Herstellung synthetischer Stoffe eine wichtige Rolle. Zu den wichtigsten chemischen Verfahren gehört dabei die *Veresterung*. Im Anschluss an die Synthese der Einzelkomponenten werden diese so gemischt, dass der künstliche Duft dem natürlichen möglichst nahekommt.

Chanel produzierte 1921 das erste synthetische Parfüm, in dem Aldehyde eine wichtige Rolle spielen. Im Gegensatz zu den herkömmlichen blumigen Düften wurden Aldehyde eingesetzt, um eine klare Frische zu erzielen. Aus der Versuchsreihe des Parfümeurs ist die fünfte Probe bis heute als Chanel No. 5 bekannt. Bei der Entwicklung solcher Rezepturen trägt der Parfümeur die Verantwortung. Er kreiert eine verführerische oder anziehende Wirkung eines Duftes aus einer Vielzahl einzelner Duftstoffe.

Komposition eines Parfüms. Ein modernes Parfüm besteht aus drei Hauptnoten (Abb. 2): Die *Kopfnote* vermittelt den ersten Eindruck des Parfüms. Dazu werden vor allem leichte Düfte wie Bergamotte und Citrusöl verwendet, die das Parfüm beleben sollen. Die *Herznote* besteht aus mäßig flüchtigen, meist blumigen Düften, die dem Parfüm Wärme und Leben verleihen sollen. Als *Basisnote* dienen kaum flüchtige und stark haftende Stoffe, die nach Holz oder Gewürz riechen. Dazu verwendet man hauptsächlich ätherische Öle wie Patschuli- oder Sandelöl, Harze, Cumarin und tierische Rohstoffe wie Moschus oder Ambra. Die Basisnote soll die Kopfnote und die Herznote fixieren; sie verlangsamt deren Verdunstung und bewirkt eine harmonische Duftentwickung über einen größeren Zeitraum.

Das Parfüm kommt als alkoholische Lösung in den Handel. Je nach Zusammensetzung unterscheidet man beispielsweise Parfüm mit 20–30 % Duftölen oder Eau de Toilette mit 5–12 % Duftstoffanteil.

3 *Herstellung einer Aromamischung*

4 *Kennzeichnung von Aromastoffen*

Aromastoffe. In der Natur gibt es eine Vielzahl unterschiedlichster Aromastoffe. Das Aroma einer Frucht besteht aber nie aus nur einer Komponente. So setzt sich das Aroma einer Erdbeere aus etwa 300 Substanzen zusammen. Viele dieser Stoffe sind *Ester*. Jedoch sind auch andere Stoffklassen im Reich der Aromen vertreten. So wird das Butteraroma von *Ketonen* bestimmt und Vanillin gehört zu den *Aldehyden*.

Der Bedarf an natürlichen Aromen aus Früchten für die Herstellung von Speiseeis, Joghurt, Bonbons und anderen Produkten ist so hoch, dass die weltweite Ernte dafür nicht ausreicht. Für nur einen Kilogramm konzentrierten Erdbeerextrakt bräuchte man schon 10 000 Kilogramm frische Erdbeeren. Ein möglicher Ausweg ist die biotechnische Herstellung der geschmacksgebenden Stoffe. So produziert ein spezieller Schimmelpilz, der auf Sägespänen wächst, einen Aromastoff mit Erdbeergeschmack. Eine weitere Möglichkeit ist das Nachbauen der natürlichen Aromen im Labor. Dafür bestimmen Chemiker vorher die exakte Zusammensetzung des Aromas.

Heute stehen der Aromastoffindustrie über 5000 verschiedene Substanzen zur Verfügung, um daraus jede gewünschte Geschmacksrichtung zu komponieren (Abb. 2). Der für Erdbeeren typische Geschmack ergibt sich aus der Mischung von etwa 40 dieser Einzelsubstanzen. Es liegt auf der Hand, dass diese Methoden der Aromastoffgewinnung wesentlich preiswerter sind, als echte Früchte zu verwenden. So reicht synthetisch hergestelltes Himbeeraroma für sechs Cent, um 100 Kilogramm Joghurt zu aromatisieren. Echte Himbeeren würden das 500fache kosten.

Kennzeichnung der Lebensmittel. Steht auf der Lebensmittelverpackung bei den Zutaten der Begriff *„Aroma“* (Abb. 4), gibt es für die Herkunft des Stoffes zwei Möglichkeiten. Einerseits kann der angegebene Aromastoff künstlich hergestellt worden sein, hat aber den gleichen chemischen Aufbau wie das natürliche Vorbild. Diese Substanzen nannte man früher naturidentische Aromastoffe. Oder es handelt sich um ein Aroma, welches in der Natur überhaupt nicht vorkommt (früher: „künstliches Aroma“).

Nur wenn auf der Verpackung der Aufdruck *„natürliches Aroma“* steht, wurde das Aroma aus pflanzlichen oder tierischen Rohstoffen gewonnen. Darunter fällt aber auch das biotechnisch gewonnene Erdbeeraroma aus Sägespänen. Klarheit schafft nur die Kennzeichnung *„natürliches Erdbeeraroma“*, dann handelt es sich um echtes, aus Erdbeeren extrahiertes Aroma.

Duft- und Aromastoffe sind natürliche Substanzen oder synthetisch hergestellte Substanzen, die Geruchs- beziehungsweise Geschmackswahrnehmungen hervorrufen.

1 Vergleiche die Methoden zur Gewinnung von Duftstoffen. Nenne die dabei genutzten Eigenschaften.
2 Ein Parfüm besteht aus drei Hauptnoten. Erkläre.
3 Gib Beipspiele, welche Rohstoffe für die Duftstoffe der drei Hauptnoten eines Parfüms verwendet werden.
4 Mademoiselle CHANELS Parfümeur Ernest BEAUX verwendete in seiner berühmt gewordenen Probe Nr. 5 den Aldehyd 2-Methylundecanal. Gib die Strukturformel an.
5 Aromastoffe werden vielen Lebensmitteln zugesetzt. Wie muss die Kennzeichnung auf der Verpackung erfolgen?
6 Die Aromen beim Backen und Braten entstehen durch die MAILLARD-Reaktion. Recherchiere den Ablauf dieser Reaktion.

Praktikum Duftstoffe

Versuch 1:
Fenchelauszüge mit verschiedenen Lösemitteln

Materialien: Heißwasserkocher, 3 Erlenmeyerkolben (100 ml) mit Stopfen, Messzylinder (50 ml), 3 Petrischalen;
Fencheltee in Beuteln, Heptan (**2, 7, 8 ,9, B3**), Ethanol (**2, 7**).

Durchführung:
1. Bringe in einem Heißwasserkocher Wasser zum Sieden.
2. Miss mit dem Messzylinder 20 ml heißes Wasser ab und fülle diese Menge in einen Erlenmeyerkolben. Gib einen Teebeutel hinein.
3. Übergieße in einem anderen Erlenmeyerkolben einen Teebeutel mit 20 ml kaltem Heptan.
4. Verfahre ebenso mit Ethanol als Lösemittel.
5. Gib in die Petrischalen je 2 ml der Lösungen und lasse die Lösemittel verdunsten.

Aufgaben:
a) Notiere deine Beobachtungen und vergleiche den Geruch der drei Proben.
b) Die Proben riechen unterschiedlich, auch wenn das Lösemittel vollständig verdampft ist. Begründe.
c) Begründe das Erwärmen der wässrigen Lösung.

Versuch 2:
Herstellung von „Kölnisch Wasser"

Materialien: Messzylinder (25 ml), Erlenmeyerkolben (50 ml), Tropfpipetten, Riechstreifen, Flakon oder Pumpzerstäuber;
Kosmetisches Basiswasser (Ethanol, etwa 95 %; **2, 7**), Lösungsvermittler, ätherische Öle (Bergamottöl, Zitronenöl, Orangenöl, Orangenblütenöl (Neroliöl)).

Durchführung:
1. Gib in den Erlenmeyerkolben 16 ml Ethanol, 5 ml Lösungsvermittler und 2 ml destilliertes Wasser.
2. Setze 24 Tropfen Bergamottöl, sechs Tropfen Zitronenöl, sechs Tropfen Orangenöl und zehn Tropfen Orangenblütenöl hinzu.
3. Mische die Bestandteile und überprüfe den Duft mithilfe eines Riechstreifens.
4. Fülle das „Kölnisch Wasser" in den Flakon oder den Pumpzerstäuber.

Versuch 3:
Wasserdampfdestillation von Nelkenöl

Materialien: 2 Gasbrenner, 2 Erlenmeyerkolben (300 ml), einfach durchbohrter Stopfen, doppelt durchbohrter Stopfen, 4 Winkelrohre, 4 Schlauchstücke, kurze Glasrohre, Eisbad, Gewürzmühle, Messzylinder (100 ml), Pipette, Uhrglas, Waage; Gewürznelken.

Durchführung:
1. Zerkleinere 20 g Nelken in der Gewürzmühle.
2. Gib 100 ml Wasser in die Erlenmeyerkolben ①. Setze dem Kolben ② das Nelkenpulver und 100 ml Wasser zu.
3. Baue die Apparatur wie in der Abbildung unten auf.
4. Erhitze das Wasser in Erlenmeyerkolben ①. Sobald Wasserdampf in den Kolben ② gelangt, wird dieser ebenfalls erwärmt.
5. Beende die Wasserdampfdestillation, wenn etwa die Hälfte des Wassers in Erlenmeyerkolben ① verdampft ist.
6. Pipettiere wenige Tropfen aus der oberen Flüssigkeitsphase vorsichtig auf das Uhrglas und führe eine Geruchsprobe durch.

Aufgaben:
a) Notiere deine Beobachtungen.
b) Dieses Verfahren wird häufig bei Duftstoffen eingesetzt. Begründe.

Exkurs „Das Parfum" – Duftstoffe in der Literatur

1 *Szene aus dem Film „Das Parfum"*

2 *Enfleurage*

In dem Roman „Das Parfum" schildert Patrick Süskind das Leben eines Menschen, der auf der Suche nach dem perfekten Parfüm zum Mörder wird. Das Buch gibt einen guten Einblick in die Arbeit eines Parfümeurs aus dem 18. Jahrhundert. In den zitierten Abschnitten werden zwei Verfahren zur Gewinnung von Aromastoffen geschildert.

»Gelegentlich ... regte sich Baldinis Alchimistenader, und er holte seinen großen Alambic hervor, einen kupfernen Destillierbottich mit oben aufgesetztem Kondensiertopf – einen so genannten Maurenkopfalambic ...« (Abb. 1)

»Und während Grenouille das Destilliergut zerkleinerte, heizte Baldini in hektischer Eile ... eine gemauerte Feuerstelle ein, auf die er den kupfernen Kessel, mit einem guten Bodensatz Wasser gefüllt, postierte. Er warf die Pflanzenteile hinein, stopfte den doppelwandigen Maurenkopf auf den Stutzen und schloss zwei Schläuchlein für zu- und abfließendes Wasser daran an. ... Dann blies er das Feuer an. Allmählich begann es, im Kessel zu brodeln. Und nach einer Weile, erst zaghaft tröpfchenweise, dann in fadendünnem Rinnsal, floss Destillat aus der dritten Röhre des Maurenkopfs in eine Florentinerflasche, die Baldini untergestellt hatte. ... Nach und nach ... schied sich die Brühe in zwei verschiedene Flüssigkeiten: unten stand das Blüten- oder Kräuterwasser, obenauf schwamm eine dicke Schicht von Öl. Goss man nun vorsichtig ... das nur zart duftende Blütenwasser ab, so blieb das reine Öl zurück, die Essenz, das starke riechende Prinzip der Pflanze.«

»Diese edelsten aller Blüten ließen sich ihre Seele nicht einfach entreißen, man musste sie ihnen regelrecht abschmeicheln. In einem besonderen Beduftungsraum wurden sie auf mit kühlem Fett bestrichene Platten gestreut « (Abb. 2) » ... Erst nach drei oder vier Tagen waren sie verwelkt und hatten ihren Duft an das benachbarte Fett ... abgeatmet. Dann zupfte man sie vorsichtig ab und streute frische Blüten aus. Der Vorgang wurde wohl zehn, zwanzig Mal wiederholt, und bis sich die Pomade satt gesogen hatte ..., war es September geworden.«

»Und dann wurde die Pomade wieder aus dem Keller geholt, in verschlossenen Töpfen aufs Vorsichtigste erwärmt, mit feinstem Weingeist versetzt und vermittels eines eingebauten Rührwerks ... gründlich durchgemischt und ausgewaschen. Zurück in den Keller verbracht, kühlte diese Mischung rasch aus, der Alkohol schied sich vom erstarrenden Fett der Pomade und konnte in eine Flasche abgelassen werden. Er stellte nun quasi ein Parfum dar, allerdings von enormer Intensität, während die zurückbleibende Pomade den größten Teil ihres Duftes verloren hatte. ... Nach gründlicher Filtrage durch Gazetücher, in denen auch die kleinsten Klümpchen Fett zurück gehalten wurden, füllte Druot den parfümierten Alkohol in einen kleinen Alambic und destillierte ihn über dezentestem Feuer langsam ab.«

Das Parfum, Patrick Süskind, Diogenes Taschenbuch, 1994, S. 123 f., 228, 224.

1 Nenne das im ersten Abschnitt beschriebene Verfahren zur Gewinnung von Duftstoffen und fertige einen Entwurf für die genannte Apparatur an.

2 Liste die notwendigen Arbeitsschritte bei der sogenannten Enfleurage (Abb. 2) auf.

1.6 Lösemittel im Alltag *

1 *Waschen wie zu Urgroßmutters Zeiten*

Wer hat das nicht schon einmal erlebt: Die Wäsche wurde mit der Waschmaschine gewaschen, aber die Flecken auf der neuen Lieblingsjeans waren nach dem Waschen immer noch sichtbar. Besonders hartnäckig sind dabei Flecken von Öl oder Gras.

Waschen mit Wasser. Unsere Urgroßeltern wuschen die Wäsche mühevoll auf einem Waschbrett (Abb. 1). Man konnte dabei zwei Beobachtungen machen: Zum einen konnten Flecken trotz intensiver Bearbeitung nicht immer vollständig entfernt werden, zum anderen wurden die Fasern der Kleidungsstücke im Laufe der Zeit beschädigt. Inzwischen verläuft die Wäsche in einer Waschmaschine wesentlich schonender. Dennoch dürfen einige Textilien nicht mit Wasser gewaschen werden, da dabei die Fasern aufquellen und die Textilien ihre Form verlieren.

Reinigen ohne Wasser. Heute benutzt zwar niemand mehr ein Waschbrett, denn fast jeder besitzt eine Waschmaschine. Dennoch muss man besonders wertvolle, empfindliche oder hartnäckig verschmutzte Kleidungsstücke häufig in die chemische Reinigung bringen.

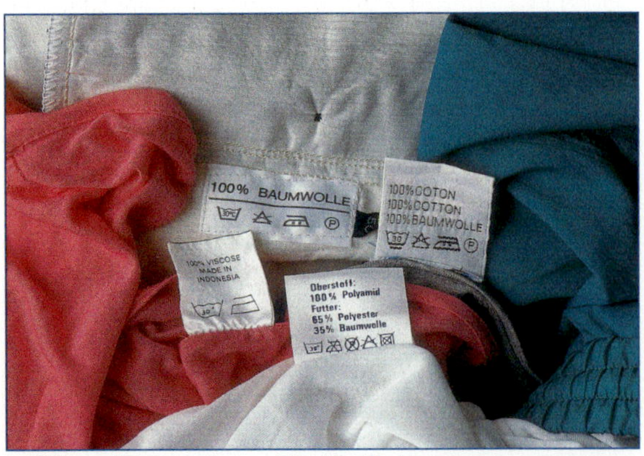

2 *Pflegepiktogramme auf Textiletiketten*

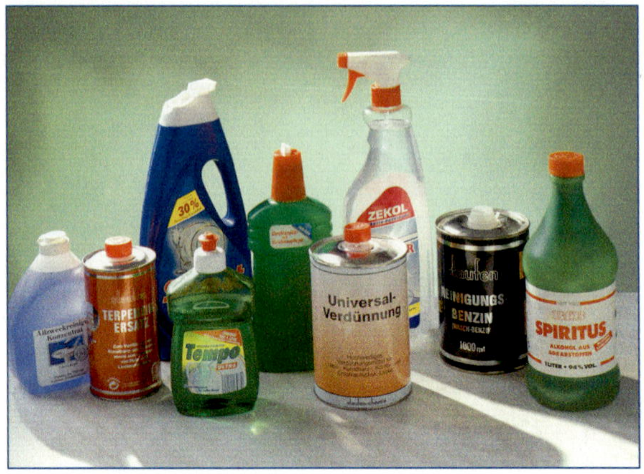

3 *Lösemittel im Haushalt*

In der Reinigung werden Flecken faserschonend entfernt. Statt Wasser werden dort beim Reinigungsprozess andere Lösemittel verwendet. Deshalb spricht man auch von Trockenreinigungen. Bei der chemischen Reinigung hängt die Wahl des richtigen Lösemittels sowohl von der Art der Verschmutzung als auch vom Material des Kleidungsstückes ab. Für die einzelnen Textilien gibt es daher Symbole als Pflegehinweise auf dem Etikett (Abb. 2). Sie geben an, welche Lösemittel beim jeweiligen Kleidungsstück verwendet werden dürfen. Der Pflegehinweis P steht zum Beispiel dafür, dass das betreffende Kleidungsstück mit Tetrachlorethen, das früher Per genannt wurde, gereinigt werden kann.

Lösemittel im Haushalt. Auch im Haushalt findet man verschiedene Lösemittel, die zur Fleckentfernung verwendet werden können, wenn sich Wasser als Lösemittel als ungeeignet erweist. Ein Beispiel für ein solches Lösemittel ist *Waschbenzin,* das in Drogerien und Baumärkten erhältlich ist. Dabei handelt es sich um ein Stoffgemisch, das Hexan enthält. Waschbenzin ist ein gutes Lösemittel für Fette und Öle.

Ein weiteres Beispiel ist das als Nagellackentferner bekannte *Aceton*. Es wird als universelles Lösemittel für Lacke und Klebstoffe eingesetzt. Aceton löst nicht nur Nagellack, sondern auch andere Farbstoffe wie das Chlorophyll in den grünen Grasflecken. Da Aceton entfettend wirkt und somit die Haut austrocknet, wird auch acetonfreier Nagellackentferner auf der Basis von *Essigsäureethylester* angeboten. Im Vergleich ist das Entfernen des Nagellacks mit acetonhaltigem Nagellackentferner aber leichter und geht schneller.

Ein im Haushalt ebenfalls häufig genutztes Lösemittel ist *Alkohol*. So eignen sich Ethanol und Isopropanol besonders gut, um Filzstiftspuren auf Kleidung oder anderen Gegenständen zu entfernen.

Lösemittel	Methanol	Essigsäureethylester	Hexan
Strukturformel	$CH_3-\underline{\overline{O}}-H$	$CH_3-\overset{\overset{\lvert\overline{O}\rvert}{\Vert}}{C}-\underline{\overline{O}}-CH_2-CH_3$	$CH_3-CH_2-CH_2-CH_2-CH_2-CH_3$
Polarität des Moleküls	polar	polare und unpolare Molekülteile	unpolar
Verwendung	Lösemittel für Lacke und Firnisse	Lösemittel in Klebstoffen und Nagellackentferner	Waschbenzin, Lösemittel für Styroporkleber, schnell trocknende Lacke und Druckfarben

3 *Struktur und Verwendung von Lösemitteln*

Da die nichtwässerigen Lösemittel auch das zu reinigende Material angreifen können, muss man beim Entfernen von Flecken besonders vorsichtig sein. Weiterhin sollte man beim Umgang mit Benzin, Essigsäureethylester, Aceton, Ethanol und Isopropanol unbedingt beachten, dass diese Lösemittel leicht entzündlich sind.

Lösemittel in Klebstoffen und Lacken. Lösemittelklebstoffe enthalten gelöste Makromoleküle. Der Klebstoff härtet aus, wenn das Lösemittel verdunstet. In diese Gruppe gehören die sogenannten *Alleskleber.* Sie enthalten beispielsweise in Aceton oder Essigsäureethylester gelöste Polyester. Organische Lösemittel sind teilweise gesundheitsschädlich und feuergefährlich. Für viele Zwecke verwendet man daher Leime oder andere Kleber mit Wasser als Lösemittel.

Lacke werden entweder auf den Untergrund gesprüht oder der Lack wird mit einem Pinsel aufgetragen. Der Lack darf dabei nicht zu dünn oder zu dickflüssig sein. Um diese gute Verarbeitbarkeit zu erreichen, verwendet man spezielle Lösemittel. Im Alltagsgebrauch nennt man sie auch *Verdünner*.

Löslichkeit und Molekülstruktur. Unter einem Lösemittel versteht man eine Flüssigkeit, in der sich andere Stoffe lösen. Schon im Mittelalter hatte man erkannt, dass *„Ähnliches von Ähnlichem gelöst wird"*. Polare Stoffe wie Salze lösen sich gut in polaren Lösemitteln. Unpolare organische Stoffe wie Fette und Öle lösen sich dagegen gut in unpolaren Lösemitteln. Betrachtet man den Hauptbestandteil von Waschbenzin, Hexan, genauer, wird schnell klar, weshalb diese Substanz ein idealer Fettlöser ist: Das Hexan-Molekül ist unpolar und entsprechend *hydrophob* beziehungsweise *lipophil* (Abb. 3). Zwischen den Hexan-Molekülen und den ebenfalls unpolaren Fett-Molekülen bilden sich Van-der-Waals-Kräfte aus. Das Fett löst sich im Waschbenzin.

Die Alkanole Methanol, Ethanol und Propanol mischen sich in jedem Verhältnis mit Wasser. Bei den darauf folgenden Alkanolen nimmt die Löslichkeit mit steigender Anzahl der Kohlenstoff-Atome stark ab. Schon Hexanol ist in Wasser nahezu unlöslich. Die polare Hydroxyl-Gruppe bewirkt die hydrophile Eigenschaft der kurzkettigen Alkanole. Die O–H-Bindung in der Hydroxyl-Gruppe eines Alkohol-Moleküls ist dabei ähnlich polar wie die O–H-Bindungen in einem Wasser-Molekül. Kurzkettige Alkohole sind demnach gute Lösemittel für polare Stoffe. Jedoch verleiht der unpolare Alkyl-Rest der Alkanol-Moleküle diesen ein spezielles Lösevermögen für wasserfeste Farbstoffe, wie sie zum Beispiel in Permanentstiften vorkommen. Solche Stoffe, die im Molekül polare und unpolare Anteile aufweisen, sind besonders vielseitig einsetzbar.

Lösemittel sind Flüssigkeiten, die andere Stoffe lösen.
Die Löslichkeit wird durch die Struktur bestimmt.

1 Erläutere die Aussage, dass *„Ähnliches von Ähnlichem gelöst wird"*.

2 Ölflecken auf der Kleidung lassen sich in der Waschmaschine nur schlecht entfernen. Begründe.

3 Recherchiere die Struktur des Lösemittels Toluol und erkläre seine Lösungseigenschaften.

4 Ein flüssiger Vielzweckkleber wird als lösemittelfrei beschrieben. Erkläre, warum die Bezeichnung falsch ist und was eigentlich gemeint ist.

5 Lacke enthalten häufig verschiedene Lösemittel mit unterschiedlichen Siedetemperaturen. Erkläre.

6 Recherchiere die Bedeutung der Piktogramme (Abb. 2).

Lösemittel

Versuch 1:
Löslichkeit in verschiedenen Lösemitteln

Materialien: Reagenzgläser, Gummistopfen;
Aceton (**2, 7**), Waschbenzin (**2, 7, 8, 9, B3**), Speiseöl, Grashalme.

Durchführung:
1. Gib in ein Reagenzglas einige Milliliter Wasser, in ein zweites Reagenzglas Speiseöl und in ein drittes Reagenzglas einige zerkleinerte Grashalme.
2. Füge zu jedem Reagenzglas einige Milliliter Aceton hinzu.
3. Verschließe die Reagenzgläser mit einem Stopfen und schüttle vorsichtig. Öffne zwischendurch die Gefäße für einen Druckausgleich.
4. Wiederhole die Versuchsreihe mit Waschbenzin.

Aufgaben:
a) Notiere deine Beobachtungen.
b) Vergleiche das Löseverhalten von Aceton und von Waschbenzin.

Versuch 2:
Herstellung von Fleckenpaste

Materialien: Porzellanschale, Glasstab, Zeitungspapier;
Magnesiumcarbonat, Waschbenzin (**2, 7, 8, 9, B3**), Olivenöl.

Durchführung:
1. Erzeuge mit dem Olivenöl einen kleinen Fettfleck auf dem Zeitungspapier.
2. Gib in die Porzellanschale einen Spatellöffel Magnesiumcarbonat und versetze es tropfenweise mit Benzin, bis eine streichfähige Paste entstanden ist. Rühre dabei mit dem Glasstab um.
3. Bestreiche zügig den Fettfleck mit der Paste und warte fünf Minuten. Entferne dann die Magnesiumcarbonatrückstände.
4. Stelle die Restpaste zum Abdampfen unter den Abzug.

Aufgaben:
a) Notiere deine Beobachtungen.
b) Erkläre die Beobachtungsergebnisse.

Versuch 3:
Klebstoff aus Verpackungsmaterial

Materialien: kleines Glasgefäß mit Deckel (100 ml), Glasstab, Waage, Papier, Holzstücke;
Verpackungsmaterial Styropor®, Essigsäureethylester (**2, 7**).

Durchführung:
1. Wiege 3 g Verpackungsmaterial aus Styropor ab.
2. Gib in das Glasgefäß 10 ml Essigsäureethylester.
3. Löse unter ständigem Rühren portionsweise den Kunststoff darin auf und fülle die fertige Lösung in das kleine Gefäß. Verschließe das Gefäß.
5. Führe nun mit der Lösung Klebetests durch.

Aufgaben:
a) Notiere deine Beobachtungen.
b) Recherchiere den molekularen Bau von Polystyrol (Styropor®) und erkläre die Beobachtungen.

Versuch 4:
Alkoholische Extraktion

Materialien: 2 Erlenmeyerkolben (50 ml), 2 Stopfen, Reibe, 2 Petrischalen, Reibschale mit Pistill;
Spiritus oder Ethanol (**2, 7**), unbehandelte Orange (Bio-Orange), Vanilleschote.

Durchführung:
1. Reibe die Schale der Orange ab und gib sie in einen Erlenmeyerkolben. Versetze mit so viel Ethanol, dass sie gerade bedeckt ist.
2. Verschließe den Erlenmeyerkolben mit einem Stopfen und schüttle vorsichtig. Öffne zwischendurch das Gefäß für einen Druckausgleich.
3. Fülle das Gemisch in eine Petrischale und lasse das Lösemittel unter dem Abzug verdampfen.
4. Führe mit dem Rückstand die Geruchsprobe durch.
5. Wiederhole den Versuch mit einer zerriebenen halben Vanilleschote.

Aufgaben:
a) Notiere deine Beobachtungen und erkläre sie.
b) Das Lösemittel soll unter dem Abzug verdampfen. Begründe.

Von der Essigsäure zum Ester

1. Carbonsäuren und Alkansäuren

a) Molekülformel und Strukturformel

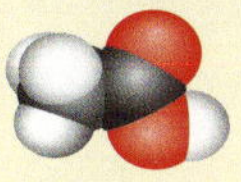

Essigsäure

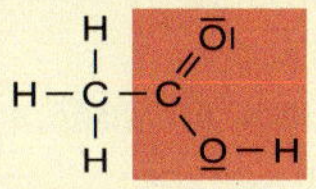

Carboxyl-Gruppe

Die funktionelle Gruppe der Carbonsäuren ist die Carboxyl-Gruppe (**–COOH-Gruppe**). *Alkansäuren* sind Carbonsäuren mit einer Alkyl-Gruppe als organischem Rest.

b) Homologe Reihe und Nomenklatur der Alkansäuren

Alkansäuren leiten sich von den Alkanen ab und bilden eine homologe Reihe mit der allgemeinen Formel $C_nH_{2n+1}COOH$.

Name des Alkans + Endung **-säure**
Beispiel: Pentansäure
Häufig verwendet man *Trivialnamen*.
So nennt man Ethansäure (CH_3COOH) Essigsäure und Butansäure (C_3H_7COOH) heißt auch Buttersäure.

c) typische Eigenschaften der Alkansäuren

Schmelztemperaturen und Siedetemperaturen
Alkansäuren haben relativ hohe Schmelz- und Siedetemperaturen. Ursache sind Doppelmoleküle, die sich aufgrund von Wasserstoffbrücken zwischen den Carboxyl-Gruppen zweier Moleküle bilden. Zwischen den Doppelmolekülen existieren Van-der-Waals-Kräfte.

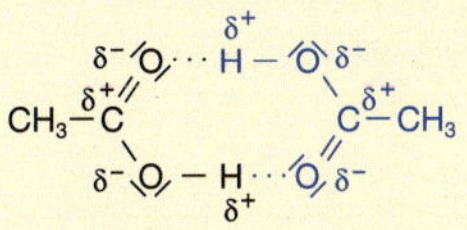

Löslichkeit
Alkansäuren mit bis zu vier C-Atomen sind wasserlöslich, da die Carboxyl-Gruppe Wasserstoffbrücken zu den Wasser-Molekülen ausbilden kann.

d) typische chemische Reaktionen der Alkansäuren

Die O–H-Bindung der Carboxyl-Gruppe ist polar. Deshalb gibt sie das Wasserstoff-Atom leicht als H+-Ion ab:

$$R\text{-}COOH \xrightarrow{H_2O} R\text{-}COO^- + H^+$$

Alkansäuren zeigen somit das typische Verhalten von Säuren: Sie bilden Salze mit unedlen Metallen, mit Metalloxiden oder mit Metallhydroxiden und reagieren mit Carbonaten unter Freisetzung von Kohlenstoffdioxid.

$$2\ R\text{–}COOH + Mg \longrightarrow 2\ R\text{–}COO^- + Mg^{2+} + H_2$$

$$2\ R\text{–}COOH + CuO \longrightarrow 2\ R\text{–}COO– + Cu^{2+} + H_2O$$

$$R\text{–}COOH + Na^+ + OH– \longrightarrow R\text{–}COO^- + Na^+ + H_2O$$

$$2\ R\text{–}COOH + CaCO_3 \longrightarrow 2\ R\text{–}COO^- + Ca^{2+} + CO_2 + H_2O$$

2. Ester

a) Molekülformel und Strukturformel

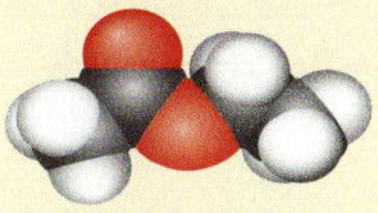

Essigsäureethylester

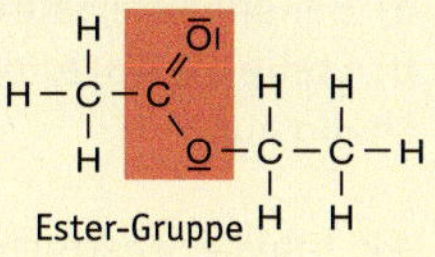

Ester-Gruppe

b) Nomenklatur

Säure + Alkyl-Rest des Alkohols + Endung **-ester**
Beispiel: Buttersäureethylester

c) Eigenschaften der Ester

Schmelztemperaturen und Siedetemperaturen
Ester haben relativ niedrige Schmelztemperaturen und Siedetemperaturen, da Ester-Moleküle untereinander keine Wasserstoffbrücken bilden.

Löslichkeit und Geruch
Da Ester fast unpolar sind, lösen sie sich in unpolaren Lösungsmitteln wie Benzin, jedoch nicht in Wasser.
Ester aus kurzkettigen Carbonsäuren und kurzkettigen Alkoholen sind niedrig siedende Flüssigkeiten. Sie haben oft einen fruchtartigen Geruch und werden daher als *Aromastoffe* verwendet.

Veresterung und Esterspaltung
Ester entstehen bei der *Kondensationsreaktion* von Säuren mit Alkoholen unter Abspaltung von Wasser. Die Umkehrung dieser Reaktion ist die Esterspaltung. Dabei handelt es sich um eine *Hydrolyse*.

$$R^1\text{-}COOH + OH\text{-}R^2 \underset{\text{Hydrolyse}}{\overset{\text{Veresterung}}{\rightleftharpoons}} R^1\text{-}COO\text{-}R^2 + H_2O$$

3. Chemisches Gleichgewicht

Esterbildung und Esterspaltung sind *umkehrbare Reaktionen*. Die Reaktion läuft nicht vollständig ab; nach einer gewissen Zeit stellt sich ein *chemisches Gleichgewicht* ein.

Merkmale des chemischen Gleichgewichtes:
- In einem geschlossenen System laufen Hinreaktion und Rückreaktion gleichzeitig ab,
- die Geschwindigkeit der Hinreaktion und der Rückreaktion sind gleich,
- Ausgangsstoffe und Reaktionsprodukte liegen nebeneinander vor, ihre Konzentration ändert sich nicht.
- Es handelt sich um ein dynamisches Gleichgewicht.

Von der Essigsäure zum Ester

Teste dich

A1 Aus dem Alkohol Propanol kann man eine Alkansäure herstellen.
a) Benenne die Säure.
b) Stelle die Wortgleichung und die Reaktionsgleichung auf.

A2 Gib die Strukturformel und den Namen der einfachsten Dicarbonsäure an.

A3 Propansäure kann mit verschiedenen Stoffen reagieren. Beschreibe, welche Beobachtungen bei den einzelnen Reaktionen gemacht werden können und formuliere jeweils eine Reaktionsgleichung.
a) Reaktion mit Wasser,
b) Reaktion mit Methanol,
c) Reaktion der wässrigen Lösung mit Kalkstein,
d) Reaktion mit Natronlauge.

A4 Vergleiche die unterschiedliche Löslichkeit von Ethansäure und Heptansäure in Wasser. Begründe deine Antwort.

A5 a) Gib die Strukturformel für Butansäurebutylester an.
b) Formuliere die Wortgleichung und die Reaktionsgleichung für die Hydrolyse des Esters.

A6 Essigsäureethylester wird mit Wasser erhitzt. Dabei beobachtet man, dass sich aus zunächst zwei Phasen eine einheitliche Lösung bildet.
a) Zunächst beobachtet man zwei Phasen. Begründe diese Beobachtung. Erkläre das Verschwinden der Phasen während der Reaktion.
b) Formuliere die Reaktionsgleichung. Nenne den Reaktionstyp.

A7 Essigsäure reagiert mit Methanol.
a) Formuliere die Reaktionsgleichung.
b) Erläutere am Beispiel dieser Estersynthese, was man unter einer Gleichgewichtsreaktion versteht.
c) Essigsäuremethylester-Moleküle sind größer als die Moleküle, aus denen sie gebildet werden. Begründe, warum die Siedetemperatur von Essigsäuremethylester trotzdem niedriger ist, als die der Ausgangsstoffe.

A8 Erläutere, wie sich nachweisen lässt, dass bei einer chemischen Reaktion ein chemisches Gleichgewicht vorliegt.

Lösungen stehen im Anhang.

Die wichtigsten Begriffe

- Essig, Essigsäure
- Carboxyl-Gruppe
- Carbonsäuren, Alkansäuren
- Ester, Ester-Gruppe
- Veresterung, Kondensation
- Esterspaltung, Hydrolyse
- Chemisches Gleichgewicht

B1 a) Erkläre die obenstehenden Begriffe.
b) Verknüpfe die Begriffe zu einer Conceptmap.
c) Übertrage die Begriffe und deine Erklärungen in digitale Karteikarten.

B2 Die Reaktion der Essigsäure mit folgenden Metallen wird untersucht: Eisen, Silber, Natrium, Calcium, Aluminium und Gold.
a) Nenne die Metalle, die nicht mit Essigsäure reagieren. Begründe deine Antwort.
b) Stelle die Reaktionsgleichungen der chemischen Reaktionen, die stattgefunden haben, in Ionenschreibweise auf.
c) Gib die Namen der entstandenen Salze an.
d) Pentansäure reagiert mit den Metallen deutlich weniger heftig als Essigsäure. Gib dafür eine Erklärung.

B3 Um Kochtöpfe zu entkalken, verwendet man häufig Citronensäure.
a) Erläutere die Entkalkerwirkung der Citronensäure. Formuliere die Wortgleichung.
b) Die Verwendung von Citronensäure gegenüber Essigsäure ist vorteilhafter. Begründe.
c) Formuliere eine allgemeine Reaktionsgleichung für das Entkalken durch organische Säuren.

B4 Fumarsäure (*trans*-Butendisäure) reagiert mit Methanol zu Fumarsäuredimethylester. Dieser Ester wird als Arzneimittel unter anderem zur gezielten Behandlung der Schuppenflechte (Psoriasis) eingesetzt. Formuliere für die Synthese des Esters die Reaktionsgleichung mit Strukturformeln.

B5 Milchsäure ist eine Hydroxycarbonsäure. Erwärmt man einen Probe über längere Zeit, kann man beobachten, dass die Säure immer zähflüssiger wird und schließlich ein festes Reaktionsprodukt ergibt. Dabei reagieren viele Milchsäure-Moleküle zu einem Riesenmolekül. Man nennt dieses Reaktionsprodukt Polyester.
a) Formuliere die Reaktionsgleichung für die Umsetzung von nur drei Milchsäure-Molekülen.
b) Kennzeichne die Ester-Gruppe.

C1 Ameisensensäure – eine besondere Alkansäure

Anwendung:
Kaffeemaschine mit 100 ml Blitz-Entkalker und 300 ml Wasser füllen und durchlaufen lassen. Bei vollständiger Entkalkung bleibt die Mischung rot gefärbt, bei Gelbfärbung die Entkalkung wiederholen ...

Inhaltsstoffe:
15–30 % Ameisensäure, Farbstoff

Im frühen 15. Jahrhundert beobachteten Naturforscher, dass Ameisen zur Verteidigung eine Säure absondern. Erst 1671 isolierte der Engländer John RAY diese Substanz aus roten Ameisen und gab ihr den Namen Ameisensäure. Sie kommt in der Natur recht häufig vor. So nutzt auch die Raupe des Großen Gabelschwanzes, einer Schmetterlingsart, Ameisensäure zur Abwehr von Fressfeinden, indem sie die Säure bis zu 30 cm weit in Richtung Angreifer versprüht.
Ameisensäure nimmt chemisch betrachtet in der homologen Reihe der Alkansäuren eine Sonderstellung ein.

a) Nenne Eigenschaften, in denen sich Ameisensäure von den übrigen Alkansäuren unterscheidet.
b) Beschreibe die strukturelle Besonderheit der Ameisensäure.
c) Beschreibe einen Versuch, mit dem sich Ameisensäure von Essigsäure experimentell unterscheiden lässt.
d) Ameisensäure wird häufig in Entkalkerlösungen für Kaffeemaschinen, Bügeleisen oder Wasserkocher eingesetzt. Der oben abgebildete Entkalker enthält sogar einen Farbstoff. Erläutere seine Bedeutung.
e) Berechne die Masse an Calciumcarbonat, die von 100 ml Entkalker (Stoffmengenkonzentration $c = 1{,}5\,\frac{\text{mol}}{\text{l}}$) aufgelöst wird. Stelle zuerst die Reaktionsgleichung auf.
f) Die Bildung von Ameisensäureethylester und auch die Hydrolyse wird durch Säuren katalysiert. Im basischen Milieu findet die Esterhydrolyse statt, nicht aber die Kondensation. Begründe.
g) Erläutere die Merkmale des chemischen Gleichgewichts am Beispiel der Hydrolyse von Ameisensäureethylester.

C2 Neue Technologie in der Wäscherei

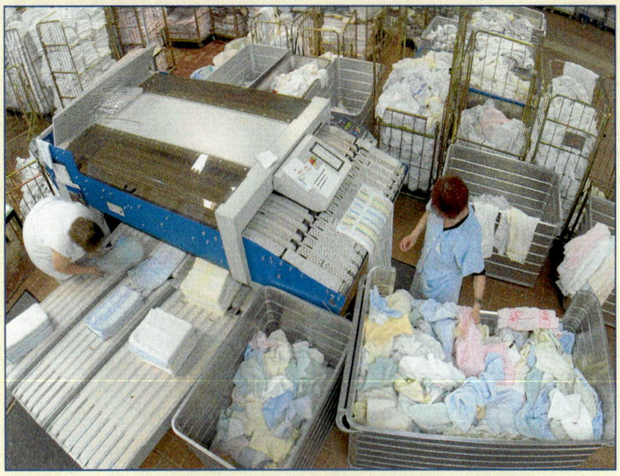

In Waschstraßen von Großwäschereien werden große Mengen an Waschmitteln, Waschkraftverstärkern, Reduktionsmitteln, Entfärbern, Rostlösern und Wasserenthärtern für die Abwasserbehandlung eingesetzt. Aus ökonomischen und ökologischen Gründen wird der Waschprozess ständig optimiert. Das gewerbliche Waschen der Massenwäsche findet im basischen Bereich bei einem pH-Wert von 9–12 statt. Die Spülbäder mit Wasser reichen dabei meist nicht aus, um die Wäsche zu neutralisieren. Deshalb wird dem letzten Spülbad 50 %ige bis 80 %ige Essigsäure oder 100 %ige Ameisensäure als Absäuerungsmittel zugesetzt. Eine Weiterentwicklung stellt die Neutralisation mit einer 50 %igen Citronensäure-Lösung in den Waschanlagen dar.

a) Recherchiere die in der Wäscherei benutzten Chemikalien und ihre Funktion. Stelle beides in einer Tabelle zusammen.
b) Gib die Strukturformeln der im Text angegebenen Säuren an und benenne Sie nach den IUPAC-Regeln.
c) Formuliere die Reaktionsgleichung für die Reaktion von Citronensäure mit Natronlauge. Gehe dabei von der Strukturformel der Säure aus.
d) Erläutere ausführlich die Vorteile des Einsatzes von Citronensäure als Neutralisationsmittel. Nutze die Angaben in der Tabelle.

	Essigsäure	Ameisensäure	Citronensäure
flüchtige Säure	ja	ja	nein
geruchsintensiv	ja	ja	nein
Gefahrstoff	ätzend	ätzend	reizend
Dosiermenge in $\frac{\text{ml}}{\text{l}}$	0,3–0,5	0,2–0,4	0,4–0,6

Absäuerungsmittel für Textilpflegebetriebe

Kapitel 2

Chemie rund um die Nährstoffe

Chemie ist in aller Munde! Diese Aussage gilt für kein anderes Thema so konkret wie für die Chemie der Nährstoffe. Hier wird besonders deutlich, dass Leben auf stofflichen Grundlagen und chemischen Reaktionen beruht. Nährstoffe werden teilweise für den Aufbau körpereigener Stoffe genutzt; der größte Teil wird jedoch abgebaut, um die nötige Energie bereitzustellen. All diese Reaktionen werden durch Biokatalysatoren gesteuert.

Ein Apfel (100 g, 209 kcal) enthält:

Nährstoff	Gehalt
Kohlenhydrate	12 g
Ballaststoffe	1,5 bis 2,3 g
Eiweiß	0,2 g
Fett	0,6 g
Wasser	85 g
Vitamin C	12 mg
Kalium	100 bis 180 mg

Sowohl Sportler als auch Bewegungsmuffel sollten den größten Teil ihres Energiebedarfs durch Kohlenhydrate decken. Kohlenhydrate sind in Form von Stärke in pflanzlichen Nahrungsmitteln wie Nudeln, Kartoffeln und Brot enthalten. Im Körper werden die Kohlenhydrate umgewandelt und in Muskeln und in der Leber gespeichert. Aus diesen Kohlenhydratspeichern können die Muskeln dann schnell Energie gewinnen. Wer sich allerdings beim Krafttraining müht, der sollte eiweißreiche Kost zu sich nehmen, denn mehr Muskeln baut man nur durch zusätzliche Eiweißzufuhr auf.

Manche Menschen reagieren auf ein Glas Milch völlig unerwartet: Sie werden von heftigen Blähungen, Darmschmerzen und Durchfällen gequält. Diesen Menschen fehlt ein Enzym, das Milchzucker (Lactose) spaltet. Milchzucker ist ein Zweifachzucker. Wird der Milchzucker nicht verdaut, so gärt er im Dickdarm. Die genannten Symptome sind die Folge.

Diese erbliche Lactose-Intoleranz findet sich oft bei Afrikanern, Chinesen und Indianern. Sie können zwar als Säuglinge problemlos Milch vertragen, verlieren aber im Erwachsenenalter diese Fähigkeit.

„Schokolade macht glücklich." Als Mittel gegen den kleinen Frust greifen wir schon mal gern zu Schokoriegeln und anderen Schokoladenprodukten. Verantwortlich sind hierfür der Zucker und der Duftstoff Phenylethylamin, der beruhigend wirkt. Doch der Genuss von Schokolade hat auch eine Schattenseite: 100 g Schokolade haben einen durchschnittlichen Energiegehalt von 2300 kJ. Um diese Energie zu verbrauchen, müsste man schon eine Stunde schwimmen. Daher gilt für die Schokolade: Allzu viel ist ungesund.

2.6 Kohlenhydrate in unserer Nahrung

Mit der Nahrung nehmen wir unterschiedliche Kohlenhydrate auf (Abb. 1). Während Kartoffeln, Nudeln und Brot viel Stärke enthalten, findet sich in Kuchen, Limonaden und Süßigkeiten auch Saccharose. Im Körper werden Stärke und Saccharose zunächst in Glucose umgewandelt und anschließend zu Wasser und Kohlenstoffdioxid oxidiert. Dabei wird Energie frei. Kohlenhydrate sind wesentliche Energieträger.

Eine wichtige Ausnahme davon bildet Cellulose. Dieses Polysaccharid, das sich in größeren Mengen in Hülsenfrüchten und in Vollkornbrot findet, kann von unserem Körper nicht in Glucose zerlegt werden. Cellulose wirkt damit als Ballaststoff. Für eine gesunde Ernährung sind Ballaststoffe unverzichtbar: Im Magen bewirken sie ein Sättigungsgefühl und verhindern so indirekt eine zu große Energiezufuhr mit der Nahrung. Im Darm quellen sie zudem auf und verstärken damit die vom Füllungsdruck abhängige Darmbewegung.

Bedarf an Kohlenhydraten. Rund 55 % unseres Gesamtenergiebedarfs sollte über Kohlenhydrate gedeckt werden. Empfohlen werden insbesondere stärkehaltige Lebensmittel wie Getreideprodukte, Kartoffeln oder Hülsenfrüchte. Sie werden im Vergleich zu Monosacchariden und Disacchariden langsamer abgebaut und bewirken so eine länger anhaltende Sättigung. Zudem enthalten sie weitere wertvolle Inhaltsstoffe wie Vitamine, Mineralstoffe und Ballaststoffe.

Der Verzehr von Haushaltszucker oder Traubenzucker sollte dagegen eingeschränkt werden. Im Vergleich zur Stärke führen diese Zucker zu einem schnelleren Anstieg des Blutzuckerspiegels. In der Folge wird das Hormon Insulin vom Körper ausgeschüttet, um den Blutzuckerspiegel zu senken. Ein sinkender Blutzuckerspiegel wirkt jedoch wie ein Hungersignal. So besteht die Gefahr, dass weiterhin größere Mengen an Haushaltszucker oder Traubenzucker aufgenommen werden. Kohlenhydrate können zwar im begrenzten Umfang und für kurze Zeit als Glykogen in der Leber und den Muskeln gespeichert werden, im Übermaß genossen werden sie aber umgewandelt und als Depotfett gespeichert. Übergewicht und Stoffwechselstörungen können die Folgen sein. Zudem fördern diese Zucker die Schädigung des Zahnschmelzes und die Entstehung von Karies.

Kohlenhydrate wie Stärke oder Saccharose sind wichtige Energielieferanten. Cellulose ist ein unverdaulicher Ballaststoff. Etwa 55 % des Gesamtenergiebedarfs sollte über Kohlenhydrate, insbesondere über stärkehaltige Lebensmittel gedeckt werden.

1 *Kohlenhydrathaltige Lebensmittel*

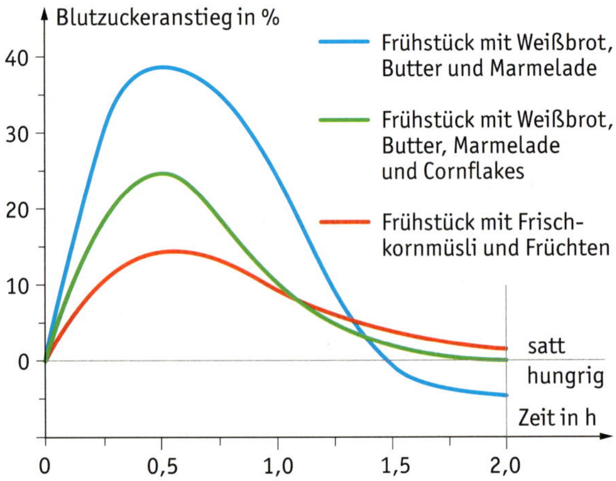

2 *Drei Frühstücke im Vergleich*

1 Nenne verschiedene stärkehaltige Lebensmittel und begründe, warum diese besser sättigen als Süßigkeiten.

2 Der Begriff *Ballaststoff* ist missverständlich. Erkläre.

3 Formuliere die Reaktionsgleichung für die vollständige Oxidation von Glucose.

4 Das Diagramm in Abb. 2 zeigt die Änderungen des Blutzuckerspiegels nach dem Frühstück.
a) Beschreibe und erkläre das Diagramm.
b) Erkläre, wodurch sich die drei Frühstücksvarianten unterscheiden.
c) Begründe den unterschiedlichen Verlauf der Kurven.
d) Ziehe Schlussfolgerungen für eine gesunde Ernährung. Stelle dazu einen Kurzvortrag zusammen, der auch geeignete Beispiele für das Mittagessen und das Abendbrot umfasst.

5 Erkläre den Unterschied zwischen Stärke und Mehl.

2.7 Verdauung von Fetten und Kohlenhydraten

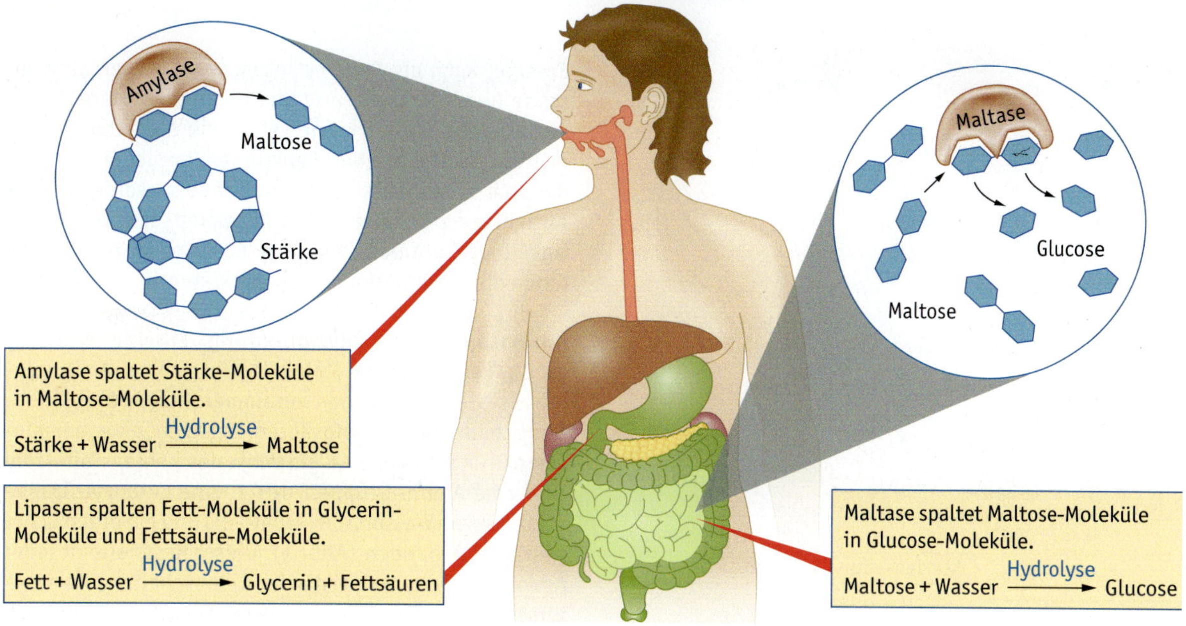

1 *Fett- und Kohlenhydratverdauung*

Der menschliche Organismus kann die mit der Nahrung aufgenommenen Fette und langkettigen Kohlenhydrate erst dann nutzen, wenn sie in löslicher Form durch die Membran der Dünndarmzellen *resorbiert* werden können. Dazu müssen sie durch die Verdauungsenzyme hydrolytisch in ihre niedermolekularen Einzelbausteine gespalten werden.

Fettverdauung. Die Verdauung der Fette beginnt im Zwölffingerdarm. Zunächst werden die großen und reaktionsträgen Fettteilchen durch die im Gallensaft enthaltenen Gallensäuren emulgiert, das heißt in viele kleine und feinste Fetttröpfchen aufgeteilt. Aufgrund der damit verbundenen Oberflächenvergrößerung können die fettspaltenden Enzyme (*Lipasen*) die Fett-Moleküle nun effektiver und schneller zerlegen. Bei der Spaltung entstehen Glycerin und freie Fettsäuren (Abb. 1), die anschließend resorbiert werden. Die kurzkettigen Fettsäuren können direkt in die Blutgefäße der Dünndarmwand aufgenommen werden. Langkettige Fettsäuren gelangen erst über die Lymphgefäße des Dünndarms in die Blutbahn. Nach der Verteilung durch den Blutkreislauf gelangen sie zu den Körperzellen, dienen dort der Energiegewinnung oder werden bei Überangebot nach einer Resynthese in den Fettzellen der unteren Hautschicht als eigenes Depotfett gespeichert.

Kohlenhydratverdauung. Einfachzucker sind gut in Wasser löslich, werden im Körper schnell resorbiert und gelangen ohne große Umwege in die Muskel- und Nervenzellen. Das langkettige Kohlenhydrat Stärke muss jedoch schrittweise verdaut werden. Dieser Prozess beginnt in der Mundhöhle. Katalysiert durch das Enzym *Amylase* aus dem Mundspeichel werden erste Stärke-Moleküle in Maltose-Moleküle zerlegt (Abb. 1). Im sauren Milieu des Magens wird dieser Prozess jedoch gestoppt, da das Enzym Amylase hier zerstört wird. Im Dünndarm findet schließlich die Endverdauung statt. Verbliebene Stärke-Moleküle werden zu Maltose gespalten. Dieser Zweifachzucker wird anschließend durch das Enzym Maltase in jeweils zwei Glucose-Moleküle zerlegt (Abb. 1).

Auch andere Zucker wie Lactose (Milchzucker) und Saccharose werden durch entsprechende Enzyme im Dünndarm gespalten.

Fette und langkettige Kohlenhydrate werden bei der Verdauung mithilfe von Enzymen in ihre Grundbausteine zerlegt. Ihre anschließende Oxidation zu Kohlenstoffdioxid und Wasser setzt Energie frei.

1 Beschreibe die im Dünndarm ablaufenden Verdauungsprozesse.

2 Nenne die verschiedenen Verdauungsenzyme und gib deren Funktion an.

3 Manche Menschen leiden an einer verminderten Produktion von Gallenflüssigkeit. Sie sollten deshalb bestimmte Nährstoffe meiden. Begründe.

4 Der Blutzuckerspiegel steigt nach dem Verzehr von Vollkornbrot viel langsamer an, als nach der Aufnahme von Traubenzucker. Begründe.

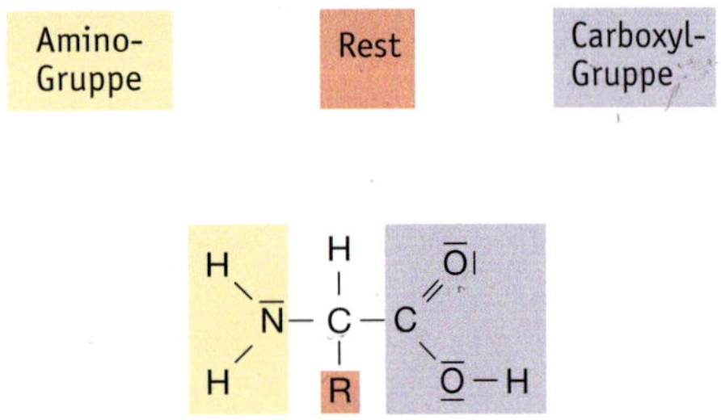

1 *Bauprinzip einer Aminosäure*

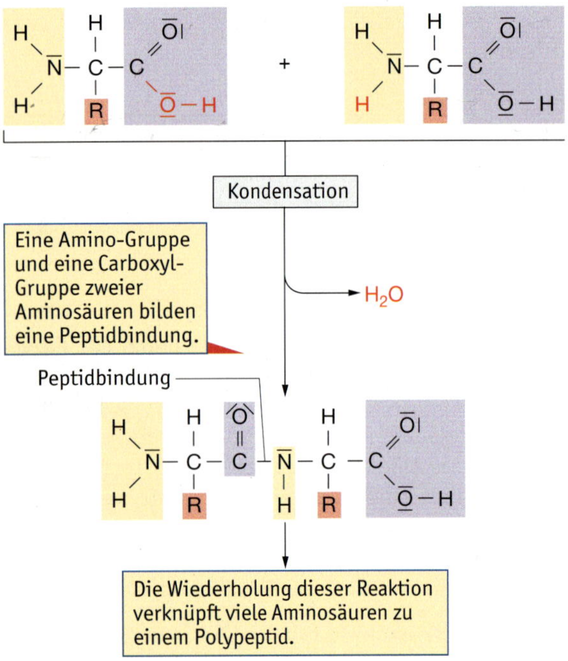

2 *Bildung eines Dipeptids*

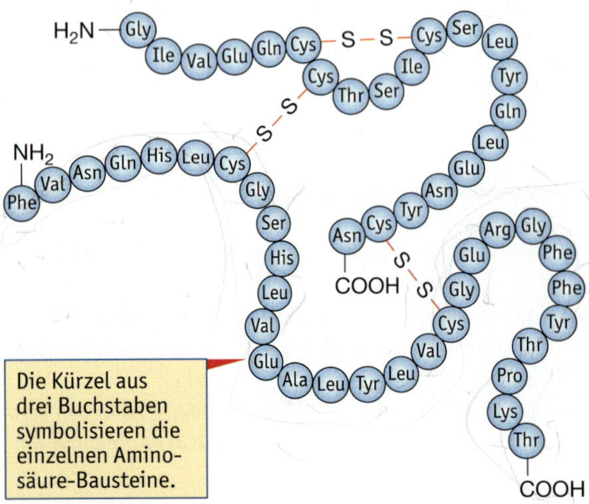

3 *Primärstruktur von Insulin*

Eiweiße, auch als *Proteine* bezeichnet, dienen als Baustoffe und Nährstoffe und übernehmen wichtige Transportaufgaben. Als Enzyme setzen sie die Aktivierungsenergie biochemischer Reaktionen herab und wirken dadurch als Biokatalysatoren. Daneben werden sie als Antikörper zur Abwehr von Krankheitserregern benötigt. Diese unterschiedlichen Funktionen lassen sich durch die Struktur der Proteine erklären.

Aminosäuren und Peptidbindung. Eiweiße sind sehr große, kettenförmige Moleküle, die sich aus Aminosäuren als Grundbausteinen zusammensetzen. Die 20 Proteine bildenden Aminosäuren besitzen eine gemeinsame Grundstruktur: An ein zentrales Kohlenstoff-Atom sind eine Amino-Gruppe ($-NH_2$), eine Carboxyl-Gruppe ($-COOH$), ein Wasserstoff-Atom ($-H$) und ein organischer Rest ($-R$) gebunden (Abb. 1). Dieser Rest verleiht jeder Aminosäure charakteristische Eigenschaften. Man unterscheidet daher zwischen Aminosäuren mit polarem Rest und Aminosäuren mit unpolarem Rest. Aminosäuren mit polarem Rest unterteilt man weiter in neutrale, saure und basische Aminosäuren.

Bei der Bildung von Proteinen werden Aminosäure-Moleküle miteinander verknüpft. Wenn die Carboxyl-Gruppe eines Aminosäure-Moleküls mit der Amino-Gruppe eines anderen Aminosäure-Moleküls reagiert, entsteht jeweils eine *Peptidbindung* ($-CO-NH-$). Bei dieser *Kondensationsreaktion* wird ein Wasser-Molekül abgespalten (Abb. 2). Werden nur zwei Aminosäure-Moleküle miteinander verknüpft, so erhält man ein *Dipeptid*. Nach der Anzahl der Aminosäure-Einheiten im Molekül unterscheidet man *Oligopeptide* mit bis zu zehn und *Polypeptide* mit mehr als zehn Bausteinen. Ab 100 Bausteinen spricht man von *Proteinen*.

Struktur von Proteinen. Die Moleküle von Proteinen besitzen eine komplexe räumliche Gestalt. Prinzipiell unterscheidet man zwischen Primärstruktur, Sekundärstruktur und Tertiärstruktur. Die Art der Aminosäure-Einheiten und ihre Reihenfolge in einem Protein-Molekül wird als **Primärstruktur** oder *Aminosäuresequenz* bezeichnet (Abb. 3). Sie ist mit der Reihenfolge von Buchstaben in einem Wort vergleichbar. So wie der Austausch eines einzelnen Buchstabens oft den Sinn des Wortes grundlegend verändert, kann auch der Austausch eines einzigen Aminosäure-Moleküls die räumliche Gestalt des Proteins verändern und damit seine Funktion beeinträchtigen. Ähnlich wie mit den 26 Buchstaben des Alphabets nahezu unbegrenzt viele Wörter gebildet werden können, lässt sich mit den 20 Aminosäuren eine unvorstellbar große Anzahl verschiedener Primärstrukturen und damit verschiedener Proteine aufbauen.

In vielen Proteinen lässt sich eine regelmäßige *räumliche* Anordnung nachweisen. Diese **Sekundärstruktur** wird durch Wasserstoffbrücken stabilisiert. Bei der schraubenförmigen *Helix* bilden sich die Wasserstoffbrücken innerhalb einer Polypeptid-Kette zwischen den C=O-Gruppen und den NH-Gruppen weit auseinanderliegender Aminosäure-Reste. Bei der ziehharmonikaartigen *Faltblattstruktur* sind mehrere nebeneinanderliegende Peptidketten durch Wasserstoffbrücken miteinander verbunden. Helixstrukturen findet man etwa in Haaren; in Seide liegen überwiegend Faltblattstrukturen vor (Abb. 4).

Bei vielen Proteinen ist die Polypeptid-Kette zusätzlich an bestimmten Stellen gebogen und gefaltet. Dadurch entsteht eine **Tertiärstruktur,** die für jedes Protein spezifisch ist und keiner Symmetrie folgt. Die räumliche Gestalt wird durch unterschiedliche Bindungen zwischen den organischen Resten entfernt voneinander liegender Aminosäure-Moleküle stabilisiert.

Denaturierung. Die räumliche Struktur von Proteinen wird durch die Temperatur, durch den pH-Wert der Lösung, durch Schwermetall-Ionen und durch Lösemittel wie Ethanol beeinflusst. Verlieren Proteine dadurch ihre natürliche räumliche Gestalt, so spricht man von einer *Denaturierung.* Ein bekanntes Beispiel ist das Kochen von Eiern. Das Eiweiß gerinnt, da die räumliche Struktur bei hoher Temperatur zerstört wird.

Eiweiße (Proteine) sind aus Aminosäure-Molekülen aufgebaut, die durch Peptidbindungen miteinander verknüpft sind. Ihre Primärstruktur bestimmt den räumlichen Bau und die Funktion des Proteins.

1 Erkläre die Begriffe *Peptidbindung, Primärstruktur, Sekundärstruktur* und *Tertiärstruktur.*

2 Die folgende Tabelle gibt die Strukturen der organischen Reste einiger Aminosäuren wieder:

Name	organischer Rest
Alanin	$-CH_3$
Lysin	$-(CH_2)_4-NH_2$
Glutaminsäure	$-(CH_2)_2-COOH$
Threonin	$-CHOH-CH_3$

a) Zeichne die Strukturformeln der vier Aminosäuren.

b) Gib an, welche der Aminosäuren einen unpolaren Rest besitzt und welche Aminosäure mit polarem Rest sauer, neutral oder basisch ist.

c) Gib die Strukturformeln der Dipeptide aus Alanin und Lysin an. Dabei sind zwei Strukturen möglich. Begründe.

3 Erkläre die Denaturierung auf molekularer Ebene.

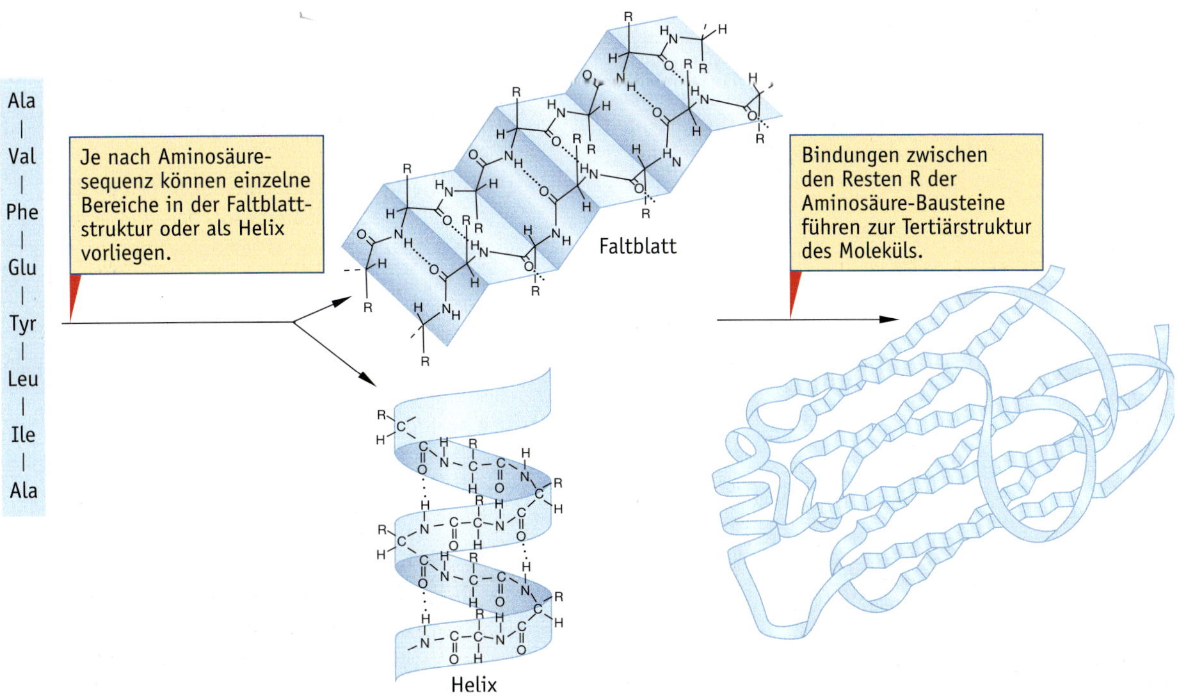

4 *Struktur von Proteinen*

2.9 Eiweiße in unserer Nahrung

1 *Lebensmittel, die viel Eiweiß enthalten*

Eiweiße sind in erster Linie Baustoffe für Muskulatur, Haut und Haare. Nur wenn durch lang anhaltendes Fasten der Vorrat an Kohlenhydraten aufgebraucht ist, wird neben Fett auch Eiweiß abgebaut, um Energie bereitzustellen.

Eiweißbedarf. Proteine können nicht wie Fette und Kohlenhydrate vom menschlichen Organismus gespeichert werden. Wir sind daher auf eine tägliche Zufuhr von Eiweiß angewiesen. Für Kinder liegt die entsprechende Empfehlung bei 0,9 g bis 1,1 g Eiweiß pro Kilogramm Körpergewicht, für Erwachsene bei 0,8 $\frac{g}{kg}$.

Biologische Wertigkeit. Mit der Nahrung aufgenommene Eiweiße werden bei der Verdauung in kleinere Bruchstücke und schließlich in Aminosäuren zerlegt. Daraus werden dann körpereigene Eiweiße aufgebaut. Während unser Körper viele Aminosäuren selbst herstellen kann, müssen wir die benötigten **essenziellen Aminosäuren** mit der Nahrung aufnehmen.

Nahrungsmittel	Eiweißanteil in $\frac{g}{100\,g}$	Wertigkeit
Hühnerei	13	100
Kartoffeln	2	98–100
Rindfleisch	19	92
Thunfisch	21	92
Kuhmilch	3,5	88
Soja	36	84–86
Reis	7	81
Bohnen	21	72
Weizenmehl	11	57
36 % Hühnerei 64 % Kartoffel	6	136
75 % Kuhmilch 25 % Weizenmehl	5,4	125

2 *Biologische Wertigkeit von Eiweiß verschiedener Herkunft*

Ein Eiweiß ist für die Ernährung dann besonders wertvoll, wenn die Anteile der einzelnen Aminosäuren denen in menschlichen Proteinen ähneln und es reich an essenziellen Aminosäuren ist. Tierische Eiweiße sind dabei meist höherwertig als pflanzliche. Um verschiedene Lebensmittel miteinander zu vergleichen, hat man die *biologischen Wertigkeit* eingeführt. Ihr Zahlenwert gibt an, wie viel Gramm körpereigenes Eiweiß aus 100 Gramm des jeweiligen Nahrungseiweißes aufgebaut werden können. Bei der Herstellung von Tierfutter löst man das Problem, indem man pflanzliche Nährstoffe durch Zusatz von essenziellen Aminosäuren aufwertet. Bei der menschlichen Ernährung muss man auf höherwertige tierische Eiweiße zurückgreifen.

Eiweiße sind lebenswichtige Baustoffe, die täglich mit der Nahrung aufgenommen werden müssen.
Insbesondere Eiweiße mit hoher biologischer Wertigkeit sollten auf dem Speiseplan stehen.

1 Erkläre die Begriffe *essenzielle Aminosäure* und *biologische Wertigkeit*.

2 Kinder haben einen erhöhten Eiweißbedarf. Begründe.

3 Trotz der geringeren biologischen Wertigkeit sollte man mehr pflanzliches als tierisches Eiweiß zu sich nehmen. Begründe.

4 Manche Kraftsportler nehmen Eiweißdrinks als zusätzliche Eiweißquelle zu sich. 100 g eines solchen Drinks enthalten durchschnittlich 90 g Eiweiß. Von den Herstellern wird eine tägliche Aufnahme von 50 g des Drinks empfohlen.
a) Kraftsportler nehmen zusätzliches Eiweiß zu sich. Begründe.
b) Ermittle den täglichen Eiweißbedarf eines 90 kg schweren, erwachsenen Kraftsportlers und vergleiche diesen mit der täglichen Eiweißaufnahme durch den Drink.
c) Nimm Stellung zu der Verwendung von Eiweißdrinks.

5 a) Ermittle mithilfe von Abb. 2 Lebensmittel mit hohem Eiweißgehalt und hoher biologischer Wertigkeit.
b) Berechne, wie viel Gramm Rindfleisch man verzehren muss, um 100 g körpereigenes Eiweiß aufbauen zu können.
c) Stelle eine Hypothese auf, warum man die biologische Wertigkeit einer Speise erhöhen kann, wenn man dabei gleichzeitig verschiedene Eiweißquellen mit unterschiedlicher biologischer Wertigkeit kombiniert.

Eiweiße

Versuch 1:
Nachweis von Stickstoff und Schwefel

Materialien: Tropfpipette, Gasbrenner, Pinzette; rohes Eiklar, Natronlauge (konz.; **5**), Bleiacetatpapier, Universalindikatorpapier.

Durchführung:
1. Erhitze in einem Reagenzglas etwas Eiklar mit 2 ml Natronlauge (B1).
2. Feuchte ein Stück Indikatorpapier an und prüfe damit die entweichenden Dämpfe.
3. Verdünne das Reaktionsprodukt mit Wasser und halte ein Stück Bleiacetatpapier mit der Pinzette in die Lösung.

Aufgaben:

a) Notiere deine Beobachtungen.

b) Gib die Wortgleichung für die beiden Nachweisreaktionen an.

Versuch 2:
Nachweis von Eiweiß

Materialien: Becherglas, Tropfpipette, Gasbrenner; Eiweißlösung (Eiklar und Wasser im Verhältnis 1:5), hart gekochtes Ei, Natronlauge (verd.; **5**), Kupfersulfatlösung (2%), Salpetersäure (konz.; **3, 5**).

Durchführung:

Biuretreaktion
1. Versetze 5 ml der Eiweißlösung mit dem gleichen Volumen an Natronlauge.
2. Gib zwei Tropfen Kupfersulfatlösung hinzu, schüttle um und erwärme vorsichtig.

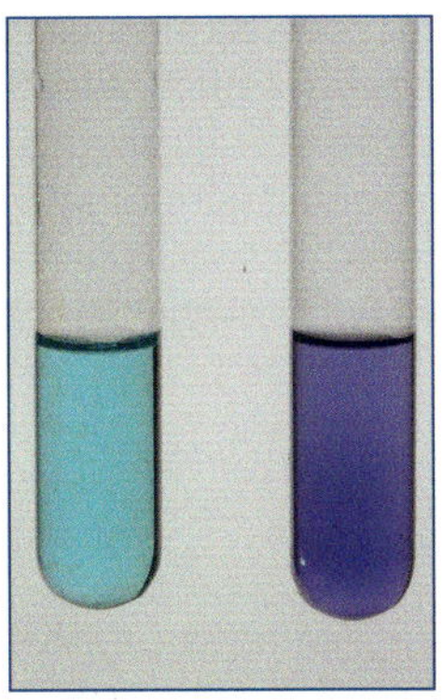

Xanthoproteinreaktion
1. Gib einen Tropfen konzentrierte Salpetersäure auf ein Stück Eiweiß.

Aufgabe:

Bei unvorsichtigem Hantieren mit konzentrierter Salpetersäure gibt es manchmal gelbe Flecken an den Händen. Erkläre diese Beobachtung.

Versuch 3:
Denaturierung von Eiweiß

Materialien: Heizplatte, Wasserband, Tropfpipette, Filterpapier, Trichter; Eiweißlösung (Eiklar und Wasser im Verhältnis 1:5), Spiritus (**2, 7**), Salzsäure (verd.), Kupfersulfatlösung (5%; **9, B2**), Kochsalzlösung (konz.).

Durchführung:
1. Gib in fünf Reagenzgläser einige Milliliter der Eiweißlösung.
2. Versetze die Lösung im ersten Reagenzglas mit Spiritus im Überschuss. Gib zum zweiten Reagenzglas Salzsäure hinzu. Das dritte Reagenzglas wird mit Kupfersulfatlösung versetzt, das vierte Reagenzglas mit Kochsalzlösung. Die Lösung im fünften Reagenzglas wird zum Sieden erhitzt.
3. Filtriere den Niederschlag aus einem der Reagenzgläser und versuche ihn in Wasser aufzulösen.

Aufgabe:

Notiere und deute deine Beobachtungen.

Versuch 4:
Abbau von Harnstoff durch das Enzym Urease

Materialien: Gasbrenner; Tropfpipetten; verdünnte Lösungen von: Harnstoff, Bromthymolblau, Kupfersulfatlösung (2%), Enzym Urease (eine Spatelspitze in 10 ml Wasser).

Durchführung:
1. Gib in drei Reagenzgläser je 5 ml Harnstofflösung und einige Tropfen Bromthymolblaulösung.
2. Versetze das erste Reagenzglas mit 0,2 ml Ureaselösung. Gib zum zweiten Reagenzglas 0,2 ml abgekochte Ureaselösung hinzu. Das dritte Reagenzglas wird mit 1 ml Kupfersulfatlösung und 0,2 ml Ureaselösung versetzt.

Aufgaben:

a) Notiere deine Beobachtungen.

b) Gib die Reaktionsgleichung für die Umsetzung von Harnstoff ($CO(NH_2)_2$) zu Ammoniak und Kohlenstoffdioxid an.

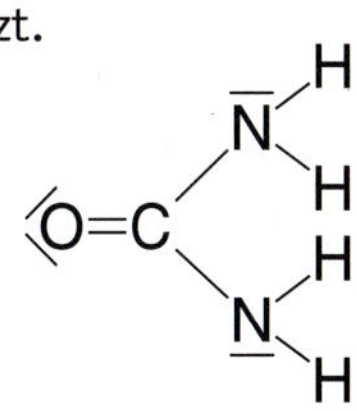

2.10 Lebensmittelzusatzstoffe *

1 *Zutaten von Knabbergebäck*

2 *Brotschimmel*

Neben einem angenehmen Geschmack, einem guten Geruch und Anblick müssen unsere heutigen modernen Lebensmittel noch einer Vielzahl weiterer Qualitätskriterien entsprechen. So sollten sie sehr lange haltbar sein, eine bestimmte und stabile Konsistenz aufweisen, dürfen keine wertvollen Inhaltsstoffe verlieren und der Nährwert muss erhalten bleiben. Um diese Qualitätsstandards erreichen zu können, werden ihnen oft **Lebensmittelzusatzstoffe** zugefügt. Nach europäischem Recht müssen die Zusatzstoffe auf Lebensmittelverpackungen angegeben werden. Dabei findet man in den meisten Fällen nicht den Namen des Stoffes, sondern nur die ihm zugeordnete, in Europa einheitlich verwendete *E-Nummer*. So enthält Knabbergebäck unter anderem das Backtriebmittel E 500 und den Emulgator E 471 (Abb. 1). Die Einteilung der Zusatzstoffe erfolgt nach ihrer jeweiligen Funktion im Lebensmittel.

Farbstoffe. „Das Auge isst mit" — ein Ausspruch, der wohl jedem bekannt ist. Deshalb werden Lebensmitteln häufig *Farbstoffe* zugesetzt, um den Appetit anzuregen, den Eindruck von Frische zu erzeugen, oder die durch Verarbeitung und Lagerung verblassten Farbtöne zu unterstützen. Dabei nutzt man aus, dass einige Farbkombinationen von allen Menschen gleich verstanden werden. Graues Fleisch oder farblose Limonaden lassen sich schlechter verkaufen, als bunte Süßigkeiten, die durch die jeweilige Farbe zusätzlich noch den Eindruck von Fruchtigkeit erzeugen. Lebensmittelfarbstoffe dürfen aber nicht eingesetzt werden, um bestimmte Inhaltstoffe vorzutäuschen oder den natürlichen Farbton des frischen Lebensmittels zu übertreffen. Früher wurden den Lebensmitteln häufig synthetische Farbstoffe zugesetzt, heute kommt es zum verstärkten Einsatz von natürlichen Farbstoffen.

Konservierungsstoffe. Die meisten Lebensmittel verderben, wenn sie längere Zeit gelagert werden. Dabei spielt das Wachstum von Bakterien und Schimmelpilzen eine entscheidende Rolle (Abb. 2). Wenn Mikroorganismen die in den Lebensmitteln enthaltenen Nährstoffe und Vitamine abbauen, entstehen Stoffwechselendprodukte, die neben Übelkeit und Erbrechen auch zu lebensbedrohlichen Lebensmittelvergiftungen führen oder krebserregend wirken können. *Konservierungsstoffe* schützen vor dem Verderben und verlängern die Haltbarkeit und Sicherheit, indem sie das Wachstum von Bakterien, Hefen und Pilzen hemmen. Um möglichst ein breites Spektrum an Mikroorganismen bekämpfen zu können, werden häufig mehrere Konservierungsstoffe kombiniert, für die gesetzliche Höchstmengen gelten. So werden getrocknete Früchte geschwefelt. Dabei verhindert *Schwefeldioxid*, *Natriumsulfit* oder *Kaliumsulfit* den Befall der Lebensmittel durch Schimmelpilze.

E-Nr.	Farbstoff
100	Kurkumin
101	Riboflavin
102	Tartrazin
110	Gelborange S
131	Patentblau V
140	Chlorophyll

E-Nr.	Konservierungsstoff
200	Sorbinsäure
202	Kaliumsorbat
210	Benzoesäure
220	Schwefeldioxid
223	Natriumsulfit
250	Natriumnitrit

E-Nr.	Antioxidationsmittel
300	Ascorbinsäure
301	Natriumascorbat
302	Calciumascorbat
306	Tocopherol
330	Citronensäure
586	4-Hexylresorcin

Antioxidationsmittel. Kommen Fette, einige Vitamine und Farbstoffe mit dem Sauerstoff der Luft in Kontakt, kann eine Oxidation stattfinden. Dadurch wird zum Beispiel Apfelmus bei längerem Stehen an der Luft braun oder frisch gepresster Orangensaft verliert seine typische Farbe. Zugesetzte *Antioxidationsmittel* wie etwa *Ascorbinsäure* sind in der Lage, Sauerstoff und freie Radikale zu binden und somit die Verfärbungen zu verhindern. Gleichzeitig wirkt dieser Stoff mit der Nummer E 300 auf Grund seiner Säureeigenschaften auch als Konservierungsstoff und als Säuerungsmittel.

Geschmacksverstärker. Diese Lebensmittelzusatzstoffe findet man vor allem in Fertiggerichten wie Konserven, Suppen und Soßen, aber auch in Wursterzeugnissen. Sie sollen dabei einerseits Geschmacksfehler unterdrücken, andererseits jedoch hauptsächlich den Geruch und Geschmack von Lebensmitteln hervorheben oder verbessern. Der wohl bekannteste Geschmacksverstärker *Glutamat* löst im Zusammenspiel mit anderen Nahrungsmitteln in den Geschmackspapillen der Zunge die Geschmacksrichtung *umami* (fleischig, herzhaft, wohlschmeckend) aus. Glutamat gilt als unbedenklich, jedoch kann eine übermäßige Aufnahme bei empfindlichen Personen allergische Reaktionen auslösen.

Süßungsmittel. *Süßstoffe* und *Zuckeraustauschstoffe* verleihen vielen Lebensmitteln wie Getränken, Diät- oder Light-Produkten ihren süßen Geschmack. Dabei haben sie einen geringeren Nährwert, sind zahnfreundlich und verlieren auch bei längerer Lagerung und der Verarbeitung der Nahrungsmittel kaum an Süßkraft. Von einem übermäßigen Verzehr wird jedoch abgeraten, da sie Blähungen hervorrufen, abführend wirken, aber auch durch die Gewöhnung an den süßen Geschmack zu vermehrter Nahrungsaufnahme und damit zu Übergewicht führen können.

Emulgatoren. Fettaugen auf einer Suppe oder Brühe entstehen, weil sich Wasser und Fett nicht mischen lassen. Sollen eigentlich nicht mischbare Flüssigkeiten zu einer beständigen, homogenen Mischung gebracht werden, kommt diese Gruppe von Zusatzstoffen zum Einsatz. *Emulgatoren* haben auf Grund ihres chemischen Aufbaus aus einem lipophilen und einem hydrophilen Teil die Fähigkeit, die Grenzfläche zwischen Fett und Wasser zu stabilisieren. Dadurch werden sowohl geschmackliche Eigenschaften als auch die Konsistenz der Nahrungsmittel positiv beeinflusst. Sie werden häufig Mayonnaisen, Puddings und Soßen zugesetzt.

Lebensmittelunverträglichkeiten. Unter diesem Oberbegriff werden alle nicht erwünschten Reaktionen des Körpers zusammengefasst, die nach dem Verzehr von Lebensmitteln auftreten. Ursachen dafür können entweder eine generelle Giftigkeit verdorbener Lebensmittel sein, oder einzelne Nahrungsbestandteile lösen bei besonders empfindlichen Personen *Unverträglichkeitsreaktionen* aus, die in allergische und nichtallergische Formen unterschieden werden. So führt das Fehlen des Enzyms *Laktase* zu einer Milchunverträglichkeit, auch *Lactose-Intoleranz* genannt. Hierbei kann der Zucker Lactose nicht abgebaut werden und es kommt zu mehr oder weniger heftigen Blähungen, Darmschmerzen und Durchfällen.

Lebensmittelzusatzstoffe sind Substanzen, die Haltbarkeit und die Eigenschaften von Lebensmitteln gezielt verändern sollen.

1 Fertige eine Tabelle der unterschiedlichen Klassen von Lebensmittelzusatzstoffen und deren Funktion an.

2 Sammle Zutatenlisten von Fertigprodukten und notiere alle enthaltenen Lebensmittelzusatzstoffe.

3 Bei der Zubereitung von Obstsalat träufelt man Zitronensaft auf die Apfel- oder Bananenstücke. Begründe.

4 Vielen Lebensmitteln und Getränken werden Säuerungsmittel zugesetzt. Erkläre.

5 Recherchiere die chemische Wirkung der Ascorbinsäure als Antioxidationsmittel.

6 Nenne Methoden, mit denen schon im Mittelalter Lebensmittel konserviert wurden.

7 Recherchiere nach weiteren Lebensmittelunverträglichkeiten und benenne die Auslöser und Folgen.

E-Nr.	Geschmacksverstärker
363	Bernsteinsäure
511	Magnesiumchlorid
620	Glutaminsäure
621	Natriumglutamat
640	Glycin
957	Thaumatin

E-Nr.	Süßungsmittel
420	Sorbit
421	Mannit
422	Glycerin
951	Aspartam
952	Cyclamat
967	Xylit

E-Nr.	Emulgatoren
322	Lecithin
405	Propylenglycolalginat
463	Hydroxypropylcellulose
473	Zuckerester
474	Zuckerglyceride
483	Stearyltartrat

Praktikum Lebensmittelzusatzstoffe *

Versuch 1:
Emulgatoren in Kartoffelpüree-Pulver

Materialien: Stopfen, Gasbrenner;
Kartoffelpüree-Pulver, Speiseöl, Rosenpaprika-Pulver.

Durchführung:
1. Fülle 4 ml Speiseöl in ein Reagenzglas, gib zwei Spatelspitzen Rosenpaprika-Pulver dazu und erwärme vorsichtig.
2. Entnimm mit einer Pipette 2 ml des gefärbten Öls.
3. Versetze es in einem Reagenzglas mit 3 ml Wasser und schüttle das Gemisch mit aufgesetztem Stopfen kräftig.
4. Gib in das Gemisch zwei Spatelspitzen Kartoffelpüree-Pulver und schüttle erneut.

Aufgaben:
a) Notiere deine Beobachtungen.
b) Erkläre die Wirkung des Emulgators.

Versuch 2:
Vergleich von Limonadengetränken

Materialien: Trichter, Gasbrenner, Wasserbad;
normales farbloses Limonadengetränk, Light-Getränk, Fehling-Lösung I (**9**; **B2**), Fehling-Lösung II (**5**).

Durchführung:
1. Mische in einem Reagenzglas je 3 ml Fehling-Lösung I und II. Gib 5 ml des normalen Limonadengetränks dazu.
2. Erhitze das Gemisch im siedenden Wasserbad.
3. Wiederhole den Versuch mit dem Light-Getränk.

Aufgaben:
a) Notiere deine Beobachtungen.
b) Erkläre die Unterschiede.

Versuch 3:
Ascorbinsäure

Materialien: Messer, Pinsel;
Apfel, Ascorbinsäurelösung (0,1 $\frac{mol}{l}$).

Durchführung:
1. Halbiere den Apfel und bestreiche eine Schnittfläche mit der Säurelösung.
2. Lasse die Säurelösung 20 Minuten einwirken und vergleiche dann beide Apfelhälften.

Aufgaben:
a) Notiere deine Beobachtungen.
b) Erkläre die Wirkung der Ascorbinsäure.
Hinweis: Freigesetzte Enzyme katalysieren oxidative Zersetzungsprozesse an den Schnittstellen.

Versuch 4:
Geschwefelte Trockenfrüchte

Materialien: Messer, großes Reagenzglas mit Stopfen, Gasbrenner;
Trockenfrüchte, Iod-Stärke-Papier.

Durchführung:
1. Zerkleinere einige Trockenfrüchte, gib sie in das Reagenzglas und versetze die Stücke mit 3 ml Wasser.
2. Feuchte das Indikatorpapier mit Wasser an und befestige es so mit dem Stopfen, dass es in das Reagenzglas ragt. Der Stopfen darf dabei nur locker auf dem Reagenzglas sitzen. Erwärme das Gemisch vorsichtig.

Aufgaben:
a) Notiere deine Beobachtungen.
b) Nenne die nachgewiesene Substanz.
c) Erläutere die Aufgabe dieser Substanz als Lebensmittelzusatzstoff.
d) **Expertenaufgabe:** Recherchiere und erkläre die chemischen Hintergründe für diesen Nachweis.

1. Fette

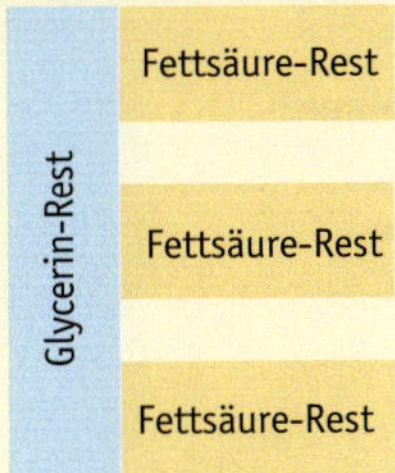

Fett-Molekül, schematisch

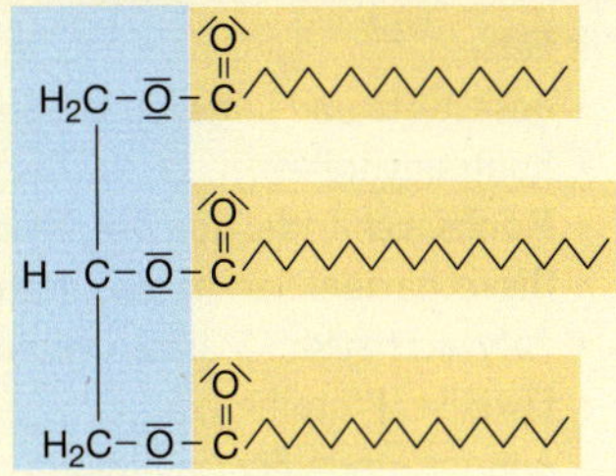
Fett

a) Struktur und Eigenschaften
- Die Moleküle von Fetten entstehen durch Veresterung eines Glycerin-Moleküls mit drei meist unterschiedlichen Fettsäure-Molekülen.
- Fette lösen sich nicht in Wasser; sie sind unpolar.
- Flüssige Fette (Öle) enthalten überwiegend ungesättigte Fettsäure-Reste, feste Fette dagegen überwiegend gesättigte.

b) Ernährung:
- Fette sind unsere energiereichsten Nährstoffe,
- essenzielle Fettsäuren enthalten mehrfach ungesättigte Fettsäure-Reste.

2. Kohlenhydrate

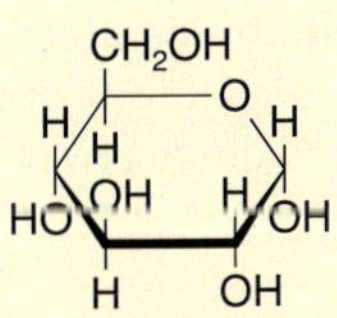
Glucose

a) Struktur und Eigenschaften
Kohlenhydrate bestehen aus Molekülen mit mehreren OH-Gruppen. Diese Hydroxyl-Gruppen bestimmen die Eigenschaften:
- gute Wasserlöslichkeit der Mono- und Disaccharide
- Über die OH-Gruppen erfolgt die Verknüpfung der Zuckerbausteine.

b) Einteilung
- Monosaccharide: Glucose, Fructose,
- Disaccharide: Maltose, Saccharose,
- Polysaccharide: Stärke, Cellulose.

c) Ernährung
Stärke und Zucker sind Energielieferanten, Cellulose ist ein unverdaulicher Ballaststoff.

d) Nachweis:
- reduzierende Zucker: Fehling-Probe, Tollens-Probe
- Stärke: Iod-Stärke-Reaktion

3. Eiweiße

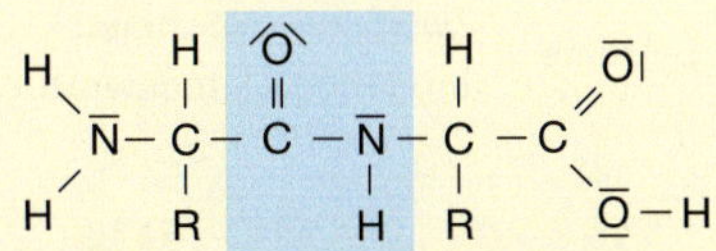

a) Struktur und Eigenschaften
- Eiweiße bestehen aus kettenförmigen Molekülen, in denen Aminosäure-Bausteine durch Peptidbindungen verknüpft sind.
- Primärstruktur: Aminosäuresequenz,
- Sekundärstruktur: Helix oder Faltblatt,
- Tertiärstruktur: räumliche Struktur eines Proteins (Helix oder Faltblatt).
- Denaturierung: Verlust der Form und Funktion von Protein-Molekülen durch hohe Temperaturen, Änderungen des pH-Wertes oder Schwermetall-Ionen.

b) Einteilung:
- zwei Aminosäuren: Dipeptid,
- bis 10 Aminosäuren: Oligopeptid,
- bis 100 Aminosäuren: Polypeptid,
- ab 100 Aminosäuren: Protein.

c) Ernährung:
Proteine liefern lebenswichtige Baustoffe. Mit der Nahrung sollte mehr pflanzliches als tierisches Eiweiß aufgenommen werden.

d) Nachweis:
- Biuretreaktion
- Xanthoproteinreaktion

4. Lebensmittelzusatzstoffe

Lebensmittelzusatzstoffe sind Substanzen, die Haltbarkeit und Eigenschaften von Lebensmitteln gezielt verändern sollen. Sie werden auf Lebensmittelverpackungen mit E-Nummern angegeben. Wichtige Gruppen von Lebensmittelzusatzstoffen sind Konservierungsstoffe, Säuerungsmittel, Emulgatoren, Farbstoffe, Geschmacksverstärker und Antioxidationsmittel.

Chemie rund um die Nährstoffe

Teste dich

A1 a) Beschreibe den Aufbau eines Fett-Moleküls.
b) Nenne drei Eigenschaften von Fetten.
c) Gib jeweils ein Beispiel für eine gesättigte, eine einfach ungesättigte und eine mehrfach ungesättigte Fettsäure an. Notiere entsprechende Strukturformeln.

A2 Begründe die Abstufung der Schmelztemperaturen der folgenden Fettsäuren:

Fettsäure	C-Atome	Zweifachbindungen	Schmelztemperatur
Myristinsäure	14	–	54 °C
Palmitinsäure	16	–	63 °C
Stearinsäure	18	–	69°C
Ölsäure	18	1	16 °C
Linolsäure	18	2	–5 °C
Linolensäure	18	3	–11 °C

A3 Auch bei einer Diät sollten Salate mit einem ölhaltigen Dressing angemacht werden. Erkläre diese Empfehlung.

A4 a) Formuliere die Reaktionsgleichung für die vollständige Oxidation von Saccharose zu Kohlenstoffdioxid und Wasser.
b) Berechne das Volumen von Kohlenstoffdioxid, dass bei der Oxidation von 4 g Saccharose entsteht ($V_m = 24 \frac{l}{mol}$).

A5 Aus einem Glycin-Molekül (2-Aminoethansäure) und einem Alanin-Molekül (2-Aminopropansäure) soll ein Dipeptid gebildet werden.
a) Beschreibe die Bildung der Peptidbindung durch eine Reaktionsgleichung mit Strukturformeln.
b) Man spricht dabei von einer Kondensation. Begründe.
c) Bei der Reaktion können sich zwei unterschiedliche Dipeptide bilden. Erkläre.

A6 a) Nenne je zwei Vertreter von Monosacchariden, Disacchariden und Polysacchariden.
b) Begründe die gute Wasserlöslichkeit und die relativ hohen Schmelztemperaturen der Zucker.
c) Beschreibe die Gemeinsamkeiten und Unterschiede im Aufbau von Stärke und Cellulose.

Lösungen stehen im Anhang.

Die wichtigsten Begriffe

- Fette
- gesättigte und ungesättigte Fettsäuren
- Kohlenhydrate
- Monosaccharide: Glucose, Fructose
- Disaccharide: Saccharose, Maltose
- Polysaccharide: Stärke, Cellulose
- Eiweiße, Proteine
- Aminosäuren, Peptidbindung
- Primärstruktur, Sekundärstruktur, Tertiärstruktur
- Lebensmittelzusatzstoffe

B1 a) Erkläre die obenstehenden Begriffe.
b) Verknüpfe die Begriffe zu einer Conceptmap.
c) Übertrage die Begriffe und deine Erklärungen in digitale Karteikarten.

B2 a) Nenne verschiedene Inhaltsstoffe von Lebensmitteln. Unterscheide dabei zwischen energieliefernden Inhaltsstoffen und solchen, die keine Energie liefern.
b) Formuliere jeweils zwei Ernährungstipps zu Fetten, Kohlenhydraten und Eiweißen.

B3 In vier unbeschrifteten Vorratsflaschen befinden sich die folgenden weißen, pulverförmigen Stoffe: Saccharose, Stärke, Glucose und das Eiweiß Albumin. Entwerfe einen Versuchsplan, um diese Stoffe über Nachweisreaktionen eindeutig zu identifizieren. Gib dazu die Arbeitsschritte, die Nachweismittel und die zu erwartenden Beobachtungen an.

B4 Beschreibe den Aufbau von Aminosäure-Molekülen. Erkläre, was man unter den Begriffen *Oligopeptid, Polypeptid* und *Protein* versteht.

B5 Nach dem Weingesetz darf Rotwein maximal 210 mg Schwefeldioxid pro Liter enthalten. Erläutere die Funktion dieses Lebensmittelzusatzstoffes.

B6 In der Küche verwendet man Mehlschwitze zur Herstellung von Soßen. Dazu wird stärkehaltiges Mehl in heißem Fett erhitzt und anschließend mit der Kochflüssigkeit abgelöscht. Durch das Erhitzen zerfallen die Stärke-Moleküle in kürzere Molekülketten aus acht bis zwölf Glucose-Einheiten, die sogenannten Dextrine.
a) Dextrine sind im Gegensatz zur Stärke wasserlöslich. Erkläre diese Beobachtung.
b) Erkläre die Wirkung der Mehlschwitze.

C1 Stabilisierung von Proteinen

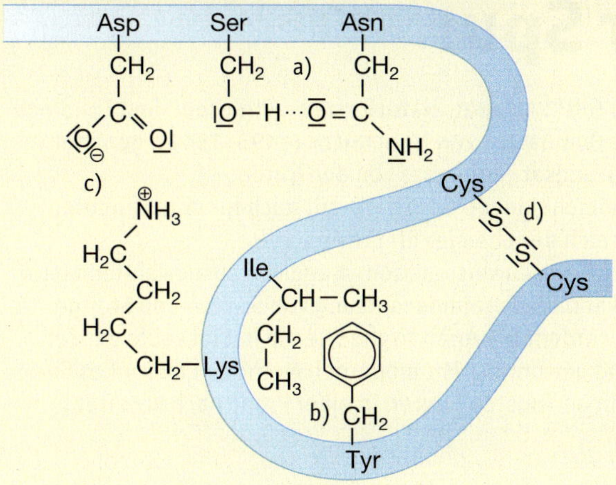

1 *Stabilisierung der Tertiärstruktur*

Die räumliche Struktur eines Proteins wird durch Wechselwirkungen zwischen den Seitenketten der Polypeptidkette stabilisiert. In Abb. 1 sind die verschiedenen Bindungstypen beispielhaft zusammengestellt.

a) Erkläre, warum die räumliche Struktur eines Proteins durch seine Primärstruktrur bestimmt wird.

b) Gib zu den Buchstaben a) bis d) der Abbildung die Bindungsart innerhalb des Protein-Moleküls an.

c) Änderungen der Primärstruktur eines Proteins können unterschiedliche Auswirkungen haben: In dem einem Fall führt der Austausch eines Aminosäure-Moleküls an einer bestimmten Stelle der Sequenz zum Funktionsverlust des Proteins, bei einem anderen Aminosäure-Molekül bleibt der Austausch ohne Folgen. Erkläre diese Beobachtung.

d) Durch Erhitzen, Änderungen des pH-Werts oder die Zugabe von konzentrierter Salzlösung lassen sich die folgenden modellhaft dargestellten Änderungen in einem Protein-Molekül hervorrufen. Beschreibe und erkläre die dargestellten Veränderungen.

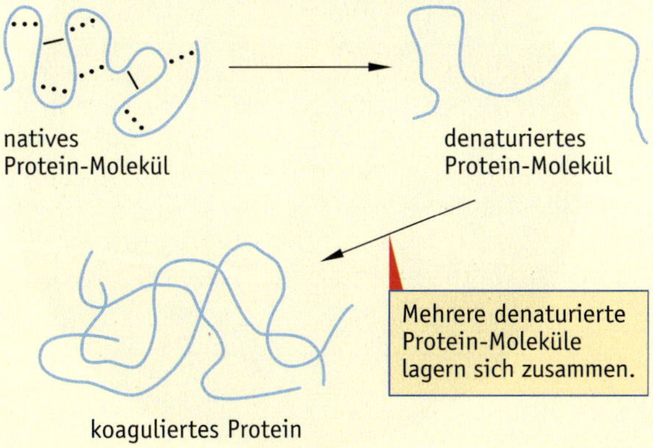

C2 Herstellung von Seife

2 *Seifensieder im Mittelalter (Kupferstich 1698)*

Traditionell stellt man Seife durch Kochen von Fetten mit Natronlauge oder Kalilauge her. Bei diesem als Seifensieden bezeichneten Vorgang kommt es zur Spaltung der Fett-Moleküle. Dabei entstehen Glycerin und die Alkalisalze der Fettsäuren, die Seifen. Man bezeichnet die alkalische Esterspaltung allgemein daher auch als Verseifung. Verwendet man Natronlauge zur Verseifung, entsteht feste Kernseife. Diese wird hauptsächlich zu Fein- und Toilettenseifen sowie für Zahnpasten verwendet. Mit Kalilauge erhält man weiche oder halbfeste Schmierseife für Rasierseife oder Reinigungsmittel.

In modernen Herstellungsverfahren werden die Fette unter hohem Druck mithilfe von Wasserdampf gespalten. Bei dieser Reaktion entstehen Glycerin und Fettsäuren. Nach dem Abkühlen lassen sich die wasserunlöslichen Fettsäuren leicht vom wasserlöslichen Glycerin abtrennen. Die Fettsäuren werden dann mit Natronlauge oder Kalilauge zu den entsprechenden Seifen umgesetzt.

a) Gib jeweils die Strukturformel für ein Fett-Molekül, ein Fettsäure-Molekül und ein Seifen-Anion an.

b) Alkalisalze von Fettsäuren sind im Gegensatz zu freien Fettsäuren und Fetten wasserlöslich. Erkläre diese Beobachtung anhand der Strukturen.

c) Nenne Gemeinsamkeiten und Unterschiede von traditioneller und moderner Seifenherstellung.

d) Formuliere für die moderne Herstellung von Kernseife die entsprechenden Wort- und Reaktionsgleichungen. Gib die jeweilige Reaktionsart an.

e) Mineralöle sind im Gegensatz zu Pflanzenölen für die Seifenproduktion ungeeignet. Begründe.

Kapitel 3

Den Stoffen analytisch auf der Spur

„Die Dosis macht das Gift": Als Arzt, Naturforscher, Philosoph und Theologe prägte Theophrastus Bombastus VON HOHENHEIM (1493–1541), genannt PARACELSUS, diesen Grundsatz der Lehre von den Giften.
Dass die Dosis eine entscheidende Größe ist, gilt auch für einen anderen wichtigen Arbeitsbereich der Chemie: für die Analytik.
Mithilfe von qualitativen Nachweisreaktionen und von ausgewählten quantitativen Methoden kann die Zusammensetzung von Stoffen und Stoffgemischen untersucht werden. Die Analytische Chemie hat im Laufe der Zeit ständig an Bedeutung gewonnen. Mit modernen Methoden gelingt es Chemikern, Stoffe noch in geringsten Spuren in einer Probe nachzuweisen.

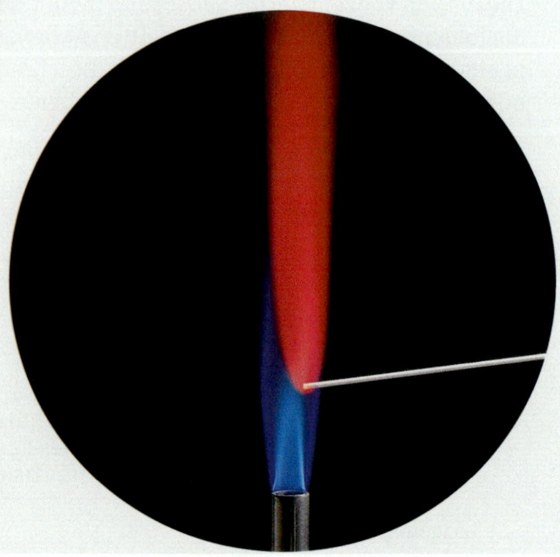

„Dabei sein ist alles!" Sportliche Wettkämpfe gibt es seit der Antike. Als oberstes Prinzip bei den Olympischen Spielen gilt seit jeher die Fairness. Darunter versteht man auch, dass das Kräftemessen der Sportler ohne Anwendung von Medikamenten oder Manipulationen stattfindet. Die Sehnsucht nach einem Sieg verlockt jedoch einige zum Doping. Entsprechend streng sind die Dopingkontrollen bei Wettkämpfen mit hohen Preisgeldern. Mithilfe qualitativer Nachweise und quantitativer Methoden aus der Chemie lassen sich in Blut und Urin Hormon- und Medikamentengaben analysieren. Eines der, von der WADA (Welt-Anti-Doping-Agentur) dafür zugelassenen, Kontrolllabore ist das Institut für Dopinganalytik und Sportbiochemie in Kreischa bei Dresden.

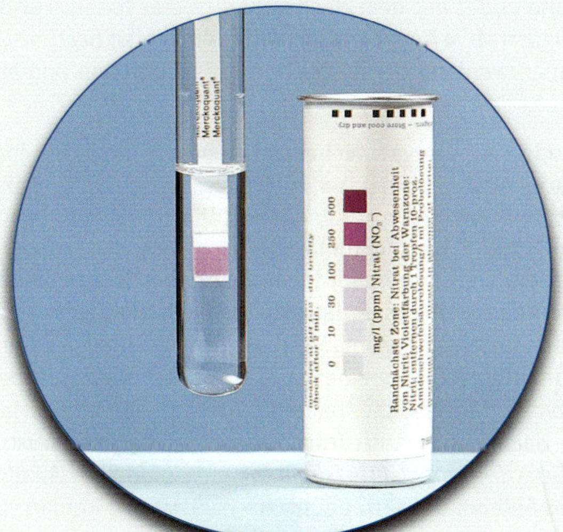

Die Qualität des Trinkwassers wird im Wasserwerk ständig kontrolliert. Der Gehalt vieler Stoffe lässt sich dabei einfach und schnell mithilfe von Farbreaktionen bestimmen. Schon am Farbton erkennt man beispielsweise, ob der Nitratgehalt des Trinkwassers unterhalb des Grenzwerts liegt oder nicht.

Man prüft aber auch auf Schadstoffe, die schon in winzigen Spuren giftig wirken. Dazu zählen vor allem Schwermetalle wie Quecksilber und Schädlingsbekämpfungsmittel. Sie können nur noch mit modernsten Analysegeräten aufgespürt werden. Mit diesen Geräten lassen sich Stoffe selbst dann noch nachweisen, wenn man einen Teelöffel davon in einem Stausee auflöst.

Lebensmittel wie Essig, Sprudelwasser und Laugengebäck enthalten Säuren oder Basen. Sie unterliegen ständigen Qualitätsanalysen, bei denen der Säure- beziehungsweise Basengehalt kontrolliert wird. Dies soll gewährleisten, dass die Produkte die gewünschte Qualität aufweisen und vor allem nicht gesundheitsschädlich sind. Ein einfaches Verfahren zur analytischen Konzentrationsbestimmung ist die Titration.

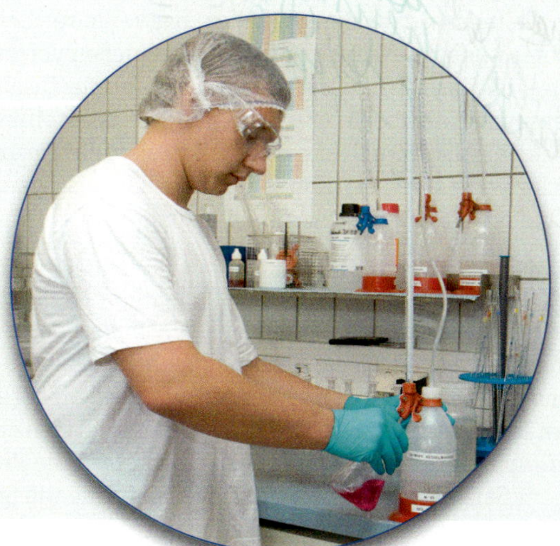

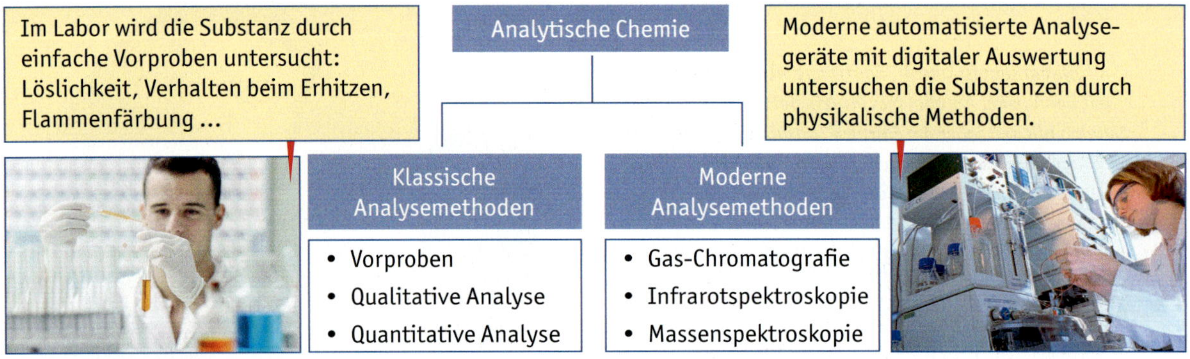

1 *Analysemethoden*

Seit der Antike untersuchen Naturforscher den stofflichen Aufbau der Welt. Sie ermitteln die Zusammensetzung von Stoffen und versuchen, für jede bekannte Verbindung spezifische Nachweisreaktionen zu finden. So wusste bereits der römische Gelehrte PLINIUS, dass sich Galläpfelsaft bei Anwesenheit von Eisensulfat schwarz färbt. Der deutsche Arzt und Chemiker LIBAVIUS (1550–1616) verwendete Ammoniaklösung zum Nachweis von Kupfer-Ionen.
Heute spielt die Analytische Chemie auch im Alltag eine wichtige Rolle: Wasser im Schwimmbad, Farbstoffe im Gesichtspuder, Aroma im Speiseeis und Wirkstoffe in Medikamenten sind nur einige Beispiele für Stoffe, die von Chemikern regelmäßig untersucht werden. Dabei sind neben Fragen zur Zusammensetzung auch Probleme der Gefährdung von Gesundheit oder Umwelt von großem Interesse. Man unterscheidet bei diesen Untersuchungen zwischen *klassischen* und *modernen Analysemethoden* (Abb. 1).

Klassische Analysemethoden. Bei einer chemischen Analyse wird eine nicht näher bekannte Stoffprobe zunächst näher beschrieben. Dazu betrachtet man die Farbe, den Geruch und die Kristallform. Mit einfachen Mitteln testet man dann die Löslichkeit, das Verhalten beim Erhitzen und die Flammenfärbung. Mit solchen **Vorproben** erhält man schon einige Hinweise auf die Zusammensetzung der Probe. Anschließend muss die Stoffprobe so behandelt werden, dass alle Bestandteile einzeln nachgewiesen werden können. Bei einem Gemisch muss dazu zuerst eine *Stofftrennung* durchgeführt werden.

Der deutsche Chemiker Carl Remigius FRESENIUS (1818–1897) entwickelte wichtige Grundlagen und Methoden zur **qualitativen Analyse**. In einem *Trennungsgang* beschrieb er, wie in einer Stoffprobe mehrere Ionen nebeneinander nachgewiesen werden können. Die gelösten Ionen werden dabei mithilfe spezieller Reagenzien in Gruppen aufgeteilt: Als Erstes versetzt man die Probe mit Salzsäure. Alle schwerlöslichen Chloride wie Silberchlorid, Quecksilberchlorid und Bleichlorid fallen als Niederschlag aus und werden abfiltriert. Durch gezielten Einsatz weiterer Reagenzien kann das Stoffgemisch vollständig aufgetrennt werden. Der Trennungsgang endet mit dem Nachweis einzelner Ionen. Für die **quantitative Analyse** einer Verbindung oder bestimmter Ionen werden spezifische Nachweisreaktionen und Methoden eingesetzt.

Moderne Analysemethoden. Heute verwendet man automatisierte Analysegeräte, die Stoffe mit physikalischen Methoden untersuchen. Die Stofftrennung erfolgt meist durch chromatografische Verfahren. Bei der *Gas-Chromatografie* wird ein Stoffgemisch aus gasförmigen oder leicht verdampfbaren Flüssigkeiten in seine Bestandteile getrennt. Meist werden die einzelnen Komponenten sofort in einem angeschlossenen *Massenspektrometer* untersucht. Dabei erhält man neben der Masse der Teilchen auch Informationen über ihre Struktur. Durch *Infrarotspektroskopie* ist eine genauere Analyse des Aufbaus der Verbindung möglich. Häufig werden verschiedene Analysegeräte miteinander gekoppelt und die Ergebnisse digital erfasst und ausgewertet. Vorproben und ein Trennungsgang sind dann nicht mehr nötig. Moderne Analysemethoden ermöglichen auch quantitative Bestimmungen.

Zu den klassischen Analysemethoden zählen Vorproben, Trennungsgang und Einzelnachweise durch chemische Reaktionen. Die Gas-Chromatografie, die Massenspektrometrie und die Infrarotspektroskopie gehören zu den modernen Analysemethoden.

1 Vergleiche klassische und moderne Analysemethoden.
2 Begründe die Durchführung von Vorproben.
3 Erkläre die Notwendigkeit der Trennung von Ionengemischen zur Analyse.

Wie analysiert man eine Stoffprobe?

Mineralwasser ist ein Stoffgemisch, eine Lösung verschiedener Salze. Auf dem Etikett einer Mineralwasserflasche sind die Bestandteile genau angegeben (Abb. 1). Dazu gehören fast immer Natrium-Kationen und Chlorid-Anionen. Diese Ionen lassen sich in verschiedenen Schritten nachweisen.

Einen ersten Hinweis bietet die **Vorprobe.** Hierbei muss das Gemisch noch nicht getrennt werden. Taucht man ein ausgeglühtes Magnesiastäbchen in Mineralwasser und hält es dann in die nicht leuchtende Brennerflamme, so deutet die kräftig gelbe Farbe der Flamme auf die Anwesenheit von Natrium-Ionen hin (Abb. 2).

Chlorid-Ionen weist man mit Silbernitratlösung nach. Zunächst macht man eine **Blindprobe:** Man gibt etwas Silbernitrat zu destilliertem Wasser. Da keine Chlorid-Ionen vorhanden sind, findet keine Reaktion statt (Abb. 3). Wie die Silbernitratlösung bei Anwesenheit von Chlorid-Ionen reagiert, zeigt eine **Vergleichsprobe:** Destilliertes Wasser wird mit Natriumchloridlösung und Silbernitratlösung versetzt. Es bildet sich ein weißer Niederschlag von Silberchlorid (Abb. 3).

Auszug aus der Analyse (mg/l)

Kationen	Anionen
Ca^{2+} 4,7	HCO_3^- 21,0
Na^+ 2,4	SO_4^{2-} 4,2
Mg^{2+} 1,5	Cl^- 1,5
K^+ 0,5	NO_3^- 3,0

1 *Inhaltsstoffe Mineralwasser*

Versetzt man nun zum **Nachweis** der Chlorid-Ionen Mineralwasser mit etwas Silbernitratlösung, so ist ein weißer Niederschlag zu erkennen. Das untersuchte Mineralwasser enthält also Chlorid-Ionen. Der Nachweis ist *positiv*.

Eisen-Ionen verursachen im Mineralwasser einen metallischen Geschmack. Deshalb werden sie bei der Herstellung von Mineralwasser entfernt. Der Nachweis von Fe^{3+}-Ionen Ionen durch Rotfärbung einer Thiocyanatlösung (Abb. 4) wird also *negativ* verlaufen.

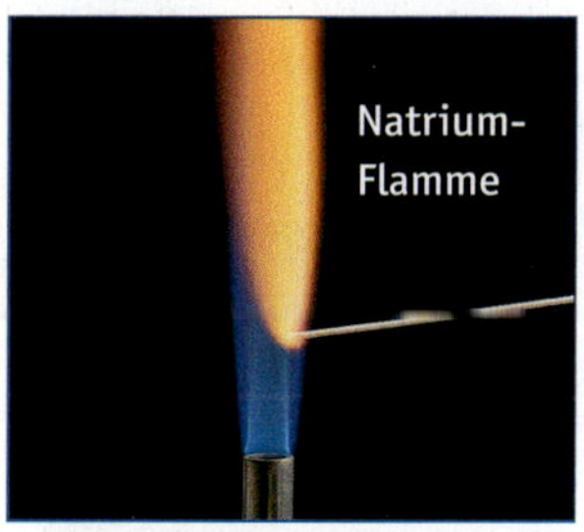

2 *Flammenfärbung*

3 *Chlorid-Nachweis*

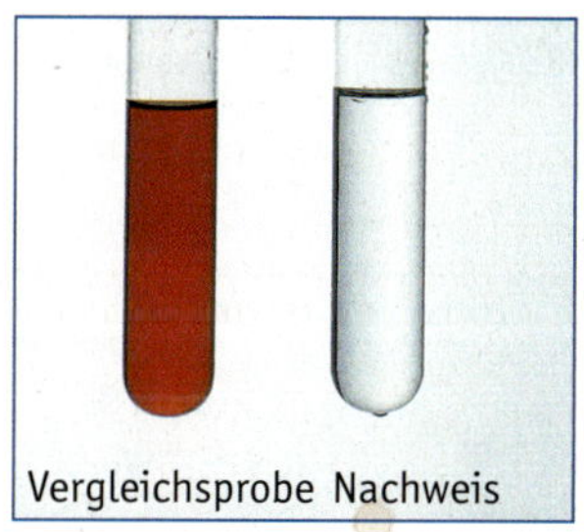

4 *Nachweis Eisen-Ionen*

Begriffe in der analytischen Chemie

Vorprobe: Ohne Trennung der Stoffbestandteile kann ein Hinweis auf ausgewählte Teilchen erfolgen. Eine wichtige Vorprobe ist die Flammenfärbung. Die Farbe der Brennerflamme ist für manche Elemente charakteristisch.

Blindprobe: Farbe, Trübung und Reaktivität der Nachweisreagenzien werden ohne Anwesenheit des zu prüfenden Stoffes getestet.

Vergleichsprobe: Zum Nachweisreagenz fügt man den zu analysierenden Stoff hinzu, um den positiven Nachweis zu überprüfen.

Nachweis: Durch eine für das Teilchen typische Flammenfärbung, Fällung oder Farbreaktion, können in einer Stoffprobe die gesuchten Teilchen nachgewiesen werden.

Klassische Nachweisreaktionen

Nachzuweisender Stoff	Nachweismittel	Beobachtung, Ergebnis	
Wasserstoff	Luft (Knallgasprobe)	pfeifendes oder dumpfes Geräusch je nach Wasserstoff-Sauerstoff-Verhältnis	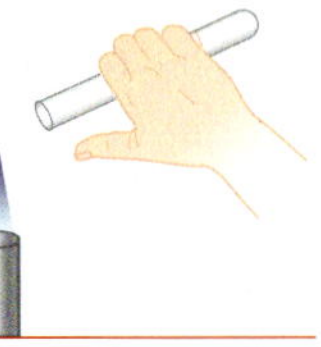
Sauerstoff	glimmender Holzspan (Glimmspanprobe)	verbrennt lebhaft	
Kohlenstoffdioxid	Kalkwasser (Calciumhydroxid- lösung)	weißer Niederschlag $CO_2\,(g) + Ca^{2+}\,(aq) + 2\,OH^-\,(aq) \longrightarrow CaCO_3\,(s) + H_2O\,(l)$	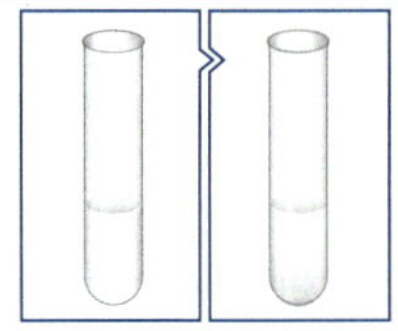
Wasser	wasserfreies weißes Kupfersulfat	blaue Färbung Wasser + weißes Kupfersulfat ⟶ blaues Kupfersulfat	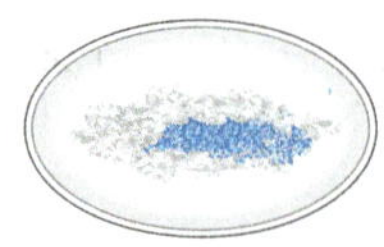
C/C-Mehrfachbindung (Alkene, Alkine)	Bromwasser oder saure Bromid/Bromatlösung	Entfärbung $R^1{-}CH{=}CH{-}R^2 + Br_2\,(l) \longrightarrow R^1{-}CHBr{-}CHBr{-}R^2$	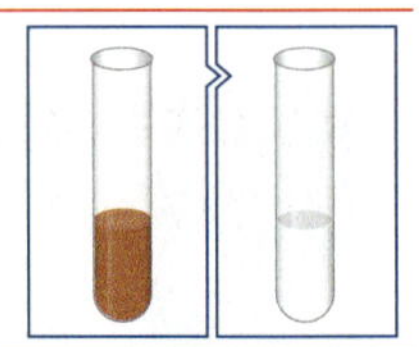
	basische Permanganat- lösung	brauner Niederschlag (Braunstein)	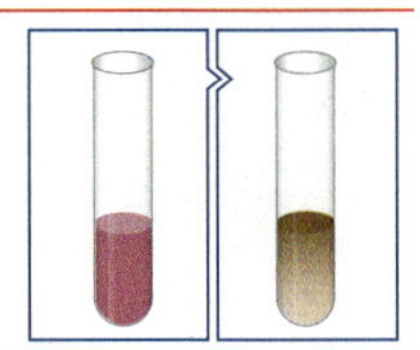
Hydroxyl-Gruppe	kurzkettige Alkansäure	Ester mit fruchtartigem Geruch $R^1{-}CH_2OH + R^2{-}COOH \longrightarrow R^1{-}CH_2OOC{-}R^2 + H_2O$	

Nachzuweisender Stoff	Nachweismittel	Beobachtung, Ergebnis	
Aldehyd-Gruppe (Alkane, Glucose)	Fehling-Lösung I und Fehling-Lösung II	brauner bis ziegelroter Niederschlag (Bildung von Cu_2O) $2\,Cu^{2+}(aq) + R{-}CHO\,(aq) + 4\,OH^-(aq) \longrightarrow Cu_2O\,(s) + R{-}COOH\,(aq) + 2\,H_2O\,(l)$	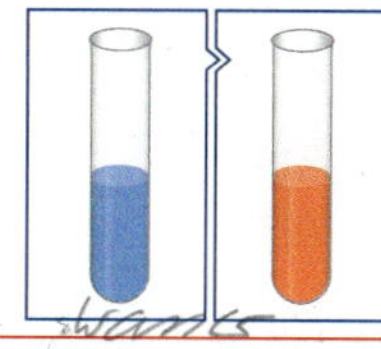
	Tollens-Reagenz (ammoniakalische Silbernitratlösung)	dunkler Niederschlag oder Silberspiegel $2\,Ag^+(aq) + R{-}CHO\,(aq) + 2\,OH^-(aq) \longrightarrow 2\,Ag\,(s) + R{-}COOH\,(aq) + H_2O\,(l)$	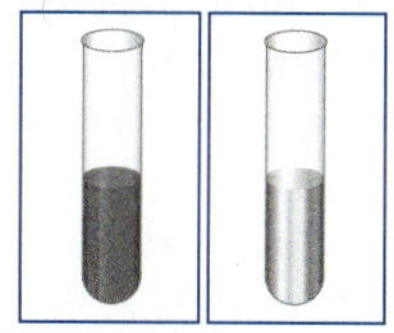
	Schiff-Reagenz	Alkanale: Violettfärbung Glucose: keine Reaktion	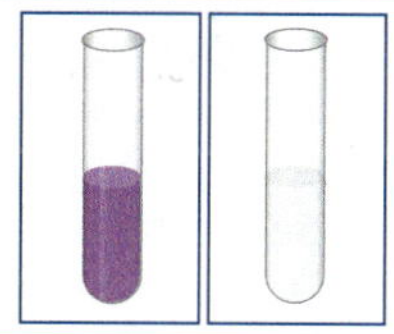
Carboxyl-Gruppe	Bromthymolblau oder Universalindikator	Gelbfärbung Hellrotfärbung $R{-}COOH \longrightarrow RCOO^- + H^+$	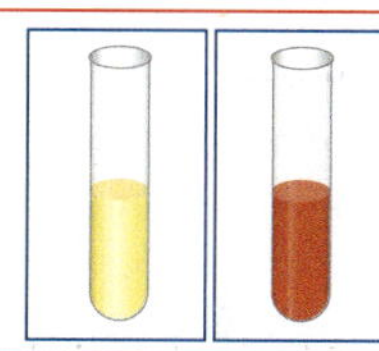
	unedle Metalle	Bildung von Wasserstoff (Knallgasprobe) $2\,R{-}COOH\,(aq) + Mg\,(s) \longrightarrow 2\,R{-}COO^-(aq) + Mg^{2+}(aq) + H_2\,(g)$	
	kurzkettiger Alkohol	Ester mit fruchtartigem Geruch	
Stärke	Iod-Kaliumiodid-Lösung	blauschwarze Färbung	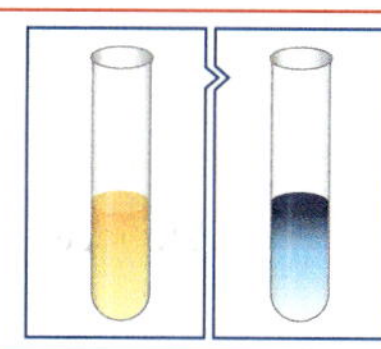
Eiweiß (Feststoff)	konzentrierte Salpetersäure	Gelbfärbung (Xanthroprotein-Reaktion)	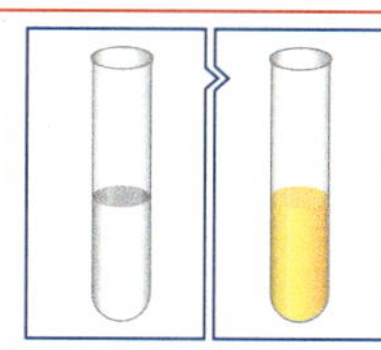
Eiweißlösung	Kalilauge und Kupfersulfatlösung	Violettfärbung (Biuret-Reaktion)	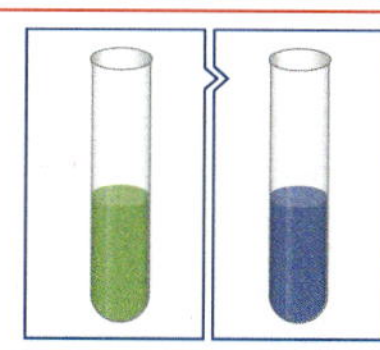

Praktikum Klassische Nachweisreaktionen

Versuch 1:
Gasförmige Stoffe

Materialien: Gasbrenner, 2 Reagenzgläser mit seitlichem Ansatz, Schlauch, pneumatische Wanne, Gummistopfen, Pinzette, Spatel;
Marmorstücke, Magnesiumspäne (**2**), Salzsäure (10 %; **B1**), Kalkwasser, Wasserstoffperoxid (10 %; **5**), Braunstein (**3**, **7**, **B2**).

Durchführung:
1. Gib ein Stück Marmor und verdünnte Salzsäure in das Reagenzglas mit seitlichem Ansatz. Verschließe das Reagenzglas und leite das entstehende Gas in Kalkwasser ein.
2. Gib in einem Reagenzglas zu 2 ml Wasserstoffperoxid eine geringe Menge Braunstein. Halte einen glimmenden Holzspan in das Reagenzglas.
3. Gib einige Magnesiumspäne und verdünnte Salzsäure in das Reagenzglas mit seitlichem Ansatz. Verschließe das Reagenzglas und fange das entstehende Gas in einem Reagenzglas pneumatisch auf und verschließe es. Halte das Reagenzglas senkrecht über die Flamme des Gasbrenners und beobachte die Verbrennung des Gases.

Aufgaben:
a) Notiere deine Beobachtungen.
b) Nenne die in den Versuchen nachgewiesenen Gase.
c) Stelle die Reaktionsgleichungen für die Bildung und den Nachweis des Gases aus Arbeitsschritt 1 auf.
d) Stelle die Reaktionsgleichung für die Zersetzung von Wasserstoffperoxid auf. Erläutere die Aufgabe des Braunsteins.
e) Formuliere die Reaktionsgleichungen für die Bildung und den Nachweis des Gases aus Arbeitsschritt 3.

Versuch 2:
Mehrfachbindungen

Materialien: Gummistopfen, Tropfpipetten; Baeyer-Reagenz (Kaliumpermanganatlösung mit Zusatz von Natriumcarbonat; **7**), Bromwasser (gesättigt; **5**, **7**), Hex-1-en (**2**, **8**, **B3**).

Durchführung:
1. Gib in einem Reagenzglas zu 1 ml Hexen 1 ml Baeyer-Reagenz und schüttle die Mischung.
2. Wiederhole den Versuch mit Bromwasser.

Aufgaben:
a) Notiere deine Beobachtungen.
b) Erkläre, woran man den Nachweis der Mehrfachbindungen erkennt.
c) Stelle die Reaktionsgleichung für die Umsetzung von Hexen mit Bromwasser auf. Erläutere die Reaktionsart.
d) Recherchiere den chemischen Hintergrund der Baeyer-Probe.

Versuch 3:
Alkohole als Ester

Materialien: Heizplatte, Wasserbad, Tropfpipetten, Gummistopfen ;
Ethanol (**2**, **7**), Propan-1-ol (**2**, **5**, **7**, **B3**), Eisessig (**2**, **5**, **B1**), Schwefelsäure (konz.; **5**, **B1**).

Durchführung:
1. Gib in ein Reagenzglas jeweils 1 ml des Alkohols und 1 ml des Eisessigs sowie fünf Tropfen konzentrierte Schwefelsäure.
2. Erhitze die Gemische eine kurze Zeit, verschließe danach die Reagenzgläser mit einem Gummistopfen und lasse sie 20 Minuten im Wasserbad bei etwa 50 °C stehen.
3. Prüfe danach den Geruch.

Aufgaben:
a) Notiere deine Beobachtungen.
b) Stelle die Reaktionsgleichungen für die Reaktion von Ethanol sowie von Propan-1-ol mit Essigsäure auf.

Versuch 4:
Aldehyd-Gruppe

Materialien: Tropfpipetten, Heizplatte, Wasserbad; Glucoselösung, Propanal (**2**, **7**, **B3**), Silbernitratlösung (1 %), Ammoniaklösung (verd., **5**, **B1**), Fehling-Lösung I (**9**, **B2**), Fehling-Lösung II (**5**, **B1**), Schiff-Reagenz.

Durchführung:

Tollens-Probe:

1. Gib in ein Reagenzglas fünf Tropfen Silbernitratlösung und fünf Tropfen Ammoniaklösung sowie 1 ml Glucoselösung.
2. Erwärme das Reaktionsgemisch etwa fünf Minuten im Wasserbad.
3. Wiederhole den Versuch mit Propanal.

Fehling-Probe:

1. Mische je fünf Tropfen Fehling-Lösung I und fünf Tropfen Fehling-Lösung II in einem Reagenzglas und gib 1 ml Glucoselösung dazu. Erwärme etwa fünf Minuten im Wasserbad.
2. Wiederhole den Versuch mit Propanal.

Schiff-Probe:

1. Mische 1 ml Glucoselösung und 1 ml Schiff-Reagenz.
2. Wiederhole den Versuch mit Propanal.

Aufgaben:

a) Notiere deine Beobachtungen.
b) Erläutere eine Möglichkeit Glucose von Propanal experimentell zu unterscheiden. Nutze die Strukturformeln für deine Überlegungen.
c) Gib vereinfachte Reaktionsgleichungen für die Tollens-Probe und die Fehling-Probe an.

Versuch 5:
Carboxyl-Gruppe

Materialien: Reagenzglas mit seitlichem Ansatz, Gummistopfen, Tropfpipetten, Heizplatte, Wasserbad;
Universalindikatorpapier, Magnesiumspäne (**2**), Ameisensäure (10 %; **2**, **5**, **B1**), Essigsäure (verd.), Pentan-1-ol (**2**, **7**, **B3**), Schwefelsäure (konz.; **5**, **B1**).

Durchführung:

1. Prüfe Ameisensäure und Essigsäure mit Universalindikatorpapier.
2. Fülle etwas Ameisensäure in das Reagenzglas mit seitlichem Ansatz und gib einige Magnesiumspäne hinzu. Fange das entstehende Gas auf und führe die Knallgasprobe durch.
3. Gib 1 ml Essigsäure und 1 ml Pentan-1-ol sowie fünf Tropfen konzentrierter Schwefelsäure in ein Reagenzglas. Erwärme kurz, lasse die Mischung bei etwa 50 °C im Wasserbad 20 Minuten stehen.
4. Prüfe danach den Geruch.

Aufgaben:

a) Notiere deine Beobachtungen.
b) Erkläre, weshalb mit den durchgeführten Nachweisreaktionen stets nur die Carboxyl-Gruppe und nicht die konkrete Säure nachgewiesen wurde.
c) Formuliere die Reaktionsgleichungen für die Umsetzung von Magnesium mit Ameisensäure und für den Nachweis des entstandenen Gases.
d) Stelle die Reaktionsgleichung für die Umsetzung von Essigsäure mit Pentan-1-ol auf. Erläutere die Rolle der konzentrierten Schwefelsäure bei diesem Versuch.
e) Beschreibe, wie eine Hydrolyse des entstandenen Esters experimentell durchgeführt werden kann.
f) Stelle die Strukturformel der Ameisensäure auf und kennzeichne alle funktionellen Gruppen. Erläutere zu erwartende Reaktionen.

3.2 Flammenfärbung

Nachweisreaktion: Na → gelb
Nachweis v. Ionen Lithium → rot

1 *Farbiges Feuerwerk durch Metallsalze*

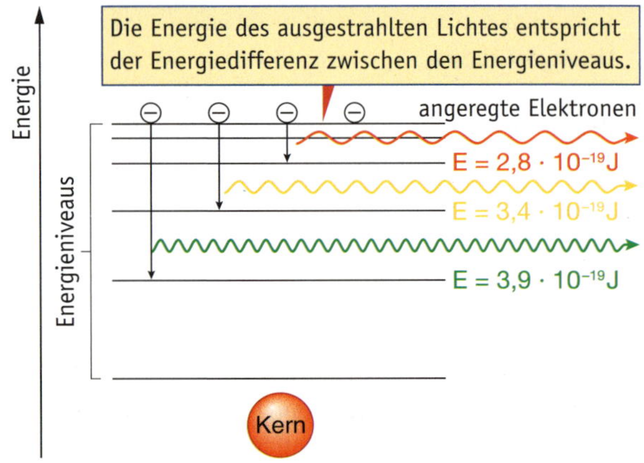

3 *Lichtemission durch angeregte Elektronen*

Bereits vor 2000 Jahren nutzten die Chinesen bestimmte Salze beim Bau von Feuerwerkskörpern, um faszinierende Farbeffekte zu erzielen. Die Farben werden insbesondere durch Salze von Alkalimetallen und von Erdalkalimetallen hervorgerufen: Gelb durch Natriumsalze, Rot durch Lithium- oder Strontiumsalze, Grün durch Bariumsalze und Ziegelrot durch Calciumsalze (Abb. 1). Diese charakteristische Eigenschaft nutzt man zur Identifizierung von Alkali- und Erdalkalimetallen durch die Flammenfärbung (Abb. 2).

Lichtemission. Ursache für die Lichterscheinungen ist eine *Anregung* von Elektronen. Durch die hohe Temperatur wird Energie zugeführt und die Salze verdampfen, wobei sich teilweise Alkalimetall- und Erdalkalimetall-Atome bilden. Außerdem werden Elektronen auf ein höheres, nicht besetztes Energieniveau angehoben. Die angeregten Elektronen fallen aber sofort wieder auf ein energieärmeres Energieniveau zurück. Dabei wird Energie in Form von Licht einer ganz bestimmten Wellenlänge abgegeben. Je größer der Sprung von einem Energieniveau auf ein anderes ist, umso kürzer ist die Wellenlänge des abgestrahlten Lichtes und desto höher ist seine Energie. Kurzwelliges grünes Licht ist somit energiereicher als langwelliges rotes Licht (Abb. 3).

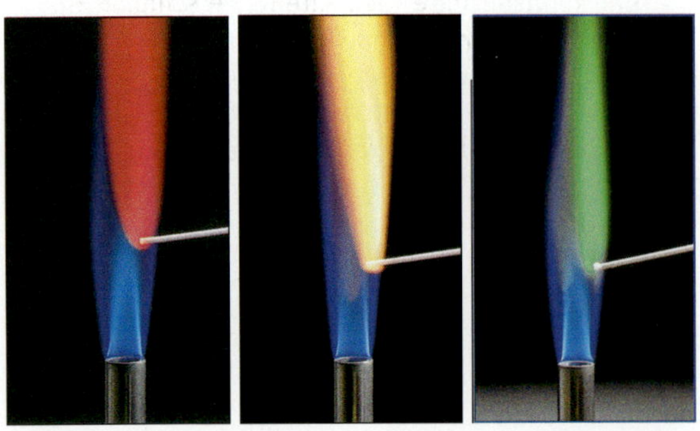

2 *Flammenfärbung von Lithium, Natrium und Barium*

Linienspektrum. Wenn Sonnenlicht durch ein Prisma fällt, erhält man ein Spektrum aller Farben des Regenbogens. Die einzelnen Farben gehen dabei fließend ineinander über. Man spricht von einem *kontinuierlichen Spektrum*.

Bringt man jedoch eine Natriumverbindung in eine Flamme und beobachtet das Spektrum mit einem Spektroskop, so erkennt man eine gelbe Linie. Natriumverbindungen zeigen also ein *Linienspektrum* (Abb. 4).

Spektralanalyse. Auch andere Alkalimetalle und Erdalkalimetalle haben charakteristische Linienspektren. Um festzustellen, ob eine Stoffprobe Verbindungen der Alkalimetalle oder Erdalkalimetalle enthält, braucht man daher nur die Flamme der Probe mit einem Spektroskop zu betrachten und das Spektrum mit den Linienspektren der Elemente zu vergleichen.

Die *Spektralanalyse* wurde von den deutschen Wissenschaftlern BUNSEN und KIRCHHOFF entwickelt. 1860 fanden sie bei der spektroskopischen Untersuchung des Bad Dürkheimer Mineralwassers Spektrallinien von zwei bis dahin noch unbekannten Elementen. Die Namen der neuen Elemente gehen auf die Farben im Spektrum zurück: Rubidium (lat. *ruber*, rot) und Caesium (lat. *caesius*: himmelblau).

Flammenfärbung als Vorprobe. Um eine erste Orientierung für weitere analytische Untersuchungen zu bekommen, nutzt man die Flammenfärbung und die Spektralanalyse als Vorprobe.

Wenn Gemische aus einer Vielzahl von Bestandteilen zusammengesetzt sind oder Verunreinigungen enthalten, ist die Flammenfärbung oft nicht eindeutig. Im Spektroskop ist dann zwar eine Vielzahl von Spektrallinien erkennbar, aber eine genaue Identifizierung der Stoffe ist praktisch nicht möglich.

Salze von Alkali- und Erdalkalimetallen zeigen charakteristische Flammenfärbungen. Diese können zur Identifizierung von Metall-Ionen genutzt werden. Bei der Betrachtung durch ein Spektroskop ist ein charakteristisches Linienspektrum erkennbar.

1 Gib an, welche Metallsalze für ein Feuerwerk mit grünen, gelben und roten Leuchterscheinungen verwendet werden können.

2 Erläutere unter Einbeziehung der Abb. 3 die unterschiedliche Flammenfärbung von Lithiumsalzen und Bariumsalzen.

3 Magnesiastäbchen, die bei der Flammenfärbung verwendet werden, enthalten als Verunreinigung Spuren von Natriumsalzen. Erkläre, warum Magnesiastäbchen vor der Untersuchung von Bariumsalzen ausgeglüht werden müssen.

4 Natriumdampflampen weisen als Straßenbeleuchtung für Fußgänger einen gelben Farbton auf. Erläutere den Vorteil dieser Lampen und beschreibe, wie dieser Farbton erzeugt wird.

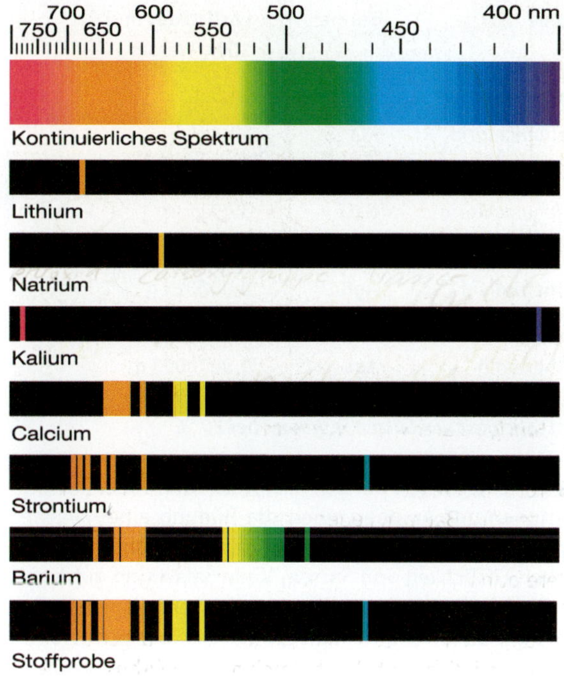

4 *Spektralanalyse*

Exkurs für Experten

Das Prismenspektrometer

Unter einem *Prisma* versteht man einen keilförmigen Körper aus Glas oder einem anderen durchsichtigen Material, das eine andere Brechzahl besitzt als Luft. Lichtstrahlen, die in das Prisma eintreten, werden beim Durchgang durch das Prisma abgelenkt, also gebrochen.

NEWTON erkannte schon 1704, dass Lichtstrahlen sowohl beim Eintritt in ein Prisma als auch beim Austritt aus einem Prisma gebrochen werden. Der Effekt ist bei kurzwelligem Licht stärker als bei langwelligem Licht. Mit einem Prisma kann weißes Licht deshalb in seine Farben, also in Licht verschiedener Wellenlängen, zerlegt werden.

Ein *Prismenspektrometer* besteht aus einer Lichtquelle, einem Prisma und einem Vergrößerungsobjektiv, welches um das Prisma drehbar gelagert ist. Das Prisma selbst befindet sich im Zentrum des Gehäuses. So werden Störungen des zu untersuchenden Spektrums durch andere Lichtquellen im Raum weitgehend vermieden.

BUNSEN und KIRCHHOFF wiesen in umfangreichen Versuchen mit dem Prismenspektrometer nach, dass viele chemische Elemente in verschiedenen Bereichen des Spektrums ganz bestimmte Spektrallinien aussenden. Der besondere Vorteil der Spektralanalyse ist ihre Empfindlichkeit. So können Elemente auch dann noch in einer Probe nachgewiesen werden, wenn sie nur in Spuren vorhanden sind.

1 Werte das Spektrum der Stoffprobe in Abb. 4 aus.

2 Fertige ein Referat über das Leben und die wissenschaftlichen Leistungen von Robert BUNSEN an.

3.3 Fällungsreaktionen

Name	Formel	Löslichkeit in 100 g Wasser
Calciumchlorid	$CaCl_2$	74,5 g
Kaliumchlorid	KCl	34,4 g
Kaliumbromid	KBr	65,6 g
Natriumchlorid	NaCl	35,9 g
Silbernitrat	$AgNO_3$	215,5 g
Silberbromid	AgBr	0,000013 g
Silberchlorid	AgCl	0,00015 g
Silberiodid	AgI	0,0000003 g

1 *Löslichkeit von Salzen in Wasser bei 20 °C*

2 *Reaktion von NaCl- und KBr-Lösung mit $AgNO_3$-Lösung*

Eine wichtige Rolle bei den Nachweisreaktionen für viele Kationen und Anionen spielt die Bildung eines *Niederschlags*. Diese Reaktionen beruhen auf der unterschiedlichen Löslichkeit von Salzen. Viele Salze sind gut wasserlöslich. So lösen sich in 100 g Wasser beispielsweise 35,9 g Natriumchlorid oder 215,5 g Silbernitrat. Eine Reihe von Salzen ist dagegen sehr schlecht wasserlöslich. Von Silberchlorid lösen sich nur 0,00015 g in 100 g Wasser (Abb. 1).

Fällungsreaktion. Gibt man zu einer Natriumchloridlösung eine Silbernitratlösung, so beobachtet man zunächst eine Trübung. Schließlich entstehen weiße Flocken von Silberchlorid (Abb. 2). Die Bildung des Niederschlags beruht auf folgender Reaktion:

$$Na^+ (aq) + Cl^- (aq) + Ag^+ (aq) + NO_3^- (aq) \rightarrow AgCl (s) + Na^+ (aq) + NO_3^- (aq)$$

Die Natrium-Ionen und die Nitrat-Ionen liegen nach der Reaktion unverändert vor; sie müssen daher in der Reaktionsgleichung nicht berücksichtigt werden. Damit vereinfacht sich die Gleichung:

$$Cl^- (aq) + Ag^+ (aq) \rightarrow AgCl (s)$$

Chemische Reaktionen, bei denen Ionen ein schwerlösliches Salz bilden, das als Niederschlag ausfällt, werden als *Fällungsreaktionen* bezeichnet.

Silber-Ionen ergeben auch mit anderen Halogenid-Ionen charakteristisch gefärbte Niederschläge: Bei der Reaktion mit Bromid-Ionen entsteht ein hellgelber Niederschlag (AgBr; Abb. 2), mit Iodid-Ionen beobachtet man eine gelbe Fällung (AgI). Wegen der Bildung schwerlöslicher Silberhalogenidniederschläge kann Silbernitratlösung als *Nachweismittel* für Chlorid-Ionen, für Bromid-Ionen und für Iodid-Ionen verwendet werden. Umgekehrt können natürlich auch Silber-Ionen mit Halogenid-Ionen nachgewiesen werden.

Eindeutigkeit der Nachweise. Die Niederschläge sind farblich relativ schlecht zu unterscheiden. Da sich jedoch AgCl in Ammoniak- und Natriumthiosulfatlösung auflöst, AgBr aber nur in Natriumthiosulfatlösung und AgI in keiner der beiden Lösungen, gibt man diese Reagenzien nach der Fällung dazu, um zu einem eindeutigen Ergebnis zu gelangen.

Andere Anionen, etwa Carbonat-Ionen, stören den Nachweis, weil sie mit Silber-Ionen ebenfalls eine Fällung ergeben. Daher versetzt man die Probe vor der Zugabe des Nachweismittels mit einigen Tropfen Salpetersäure. Dadurch wird die Bildung eines Niederschlags von Silbercarbonat verhindert.

Weitere Ionennachweise. Auch andere Anionen lassen sich mithilfe von Fällungsreaktionen nachweisen. So ergeben beispielsweise sowohl CO_3^{2-}-Ionen als auch SO_4^{2-}-Ionen mit einer Lösung mit Barium-Ionen einen weißen Niederschlag. Zur Unterscheidung versetzt man sie anschließend mit verdünnter Salzsäure. $BaCO_3$ löst sich unter CO_2-Bildung auf; $BaSO_4$ bleibt als Niederschlag erhalten.

Viele Nachweisreaktionen sind Fällungsreaktionen, bei denen ein schwerlösliches Salz ausfällt. Dadurch lassen sich Halogenid-Ionen, Carbonat-Ionen und Sulfat-Ionen nachweisen.

1 Erläutere an einem selbst gewählten Beispiel die Reaktionsart *Fällungsreaktion*.

2 Beim Zutropfen von Silbernitratlösung in destilliertes Wasser entsteht kein Niederschlag. Begründe.

3 In einer Lösung werden Carbonat-Ionen oder Sulfat-Ionen vermutet. Beschreibe deine Vorgehensweise für einen eindeutigen Nachweis.

Übersicht Fällungsreaktionen

Nachweis für	Nachweismittel	Beobachtung, Ergebnis	
Chlorid-Ionen Cl^-	verdünnte Salpetersäure Silbernitratlösung	weißer Niederschlag $Cl^-(aq) + Ag^+(aq) \longrightarrow AgCl(s)$ Niederschlag ist in verdünnter Ammoniaklösung und in Natriumthiosulfatlösung löslich.	
Bromid-Ionen Br^-	verdünnte Salpetersäure Silbernitratlösung	hellgelber Niederschlag $Br^-(aq) + Ag^+(aq) \longrightarrow AgBr(s)$ Niederschlag löst sich nicht in verdünnter Ammoniaklösung. Niederschlag in Natriumthiosulfatlösung löslich.	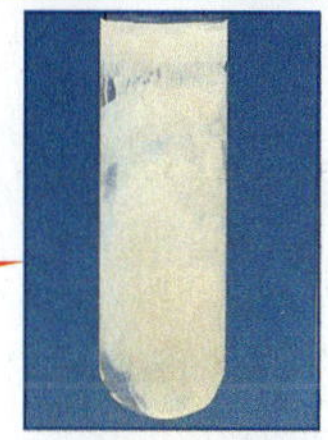
Iodid-Ionen I^-	verdünnte Salpetersäure Silbernitratlösung	gelber Niederschlag $I^-(aq) + Ag^+(aq) \longrightarrow AgI(s)$	
Sulfat-Ionen SO_4^{2-}	Bariumchloridlösung	weißer Niederschlag $SO_4^{2-}(aq) + Ba^{2+}(aq) \longrightarrow BaSO_4(s)$ Niederschlag löst sich bei Zugabe von verdünnter Salzsäure nicht auf.	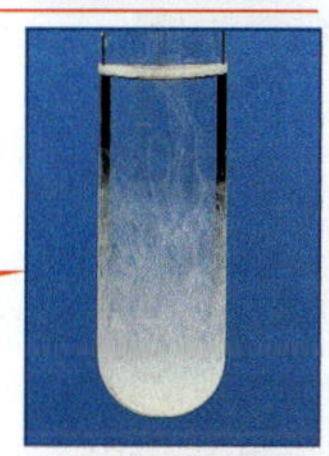
Carbonat-Ionen CO_3^{2-}	Bariumchloridlösung	weißer Niederschlag $CO_3^{2-}(aq) + Ba^{2+}(aq) \longrightarrow BaCO_3(s)$ Niederschlag löst sich bei Zugabe von verdünnter Salzsäure auf. $BaCO_3(s) + 2\,H^+(aq) \longrightarrow CO_2(g) + H_2O(l) + Ba^{2+}(aq)$	

1 In den Kellerräumen einer Apotheke wurden vier unbeschriftete Vorratsflaschen mit weißen kristallinen Substanzen entdeckt. Weiterhin wurden Etiketten mit den Beschriftungen Natriumcarbonat, Magnesiumsulfat, Kaliumchlorid und Natriumnitrat gefunden. Entwickle einen Versuchsplan für die eindeutige Identifizierung dieser Substanzen.

2 Im Labor wird ein salzartiger Rückstand gefunden. Man vermutet ein Gemisch aus Bariumchlorid und etwas Natriumiodid.
a) Erkläre die Durchführung der Vorproben, die Hinweise auf Natrium-Ionen und auf Barium-Ionen geben.
b) Entwickle einen Versuch die Anionen nebeneinander nachzuweisen.

Nachweis von Ionen

Versuch 1:
Chlorid-Ionen

Materialien: Tropfpipetten;
Salpetersäure (verd.; 5, 7), Silbernitratlösung (1 %; B2),
Proben: stark verdünnte Kochsalzlösung, stark verdünnte Salzsäure, Leitungswasser, Mineralwasser.

Durchführung:
1. Fülle Reagenzgläser zu einem Drittel mit den zu untersuchenden Proben.
2. Gib jeweils zehn Tropfen Salpetersäure und zehn Tropfen Silbernitratlösung hinzu und schüttle.
3. Betrachte die Reagenzgläser vor einem dunklen Hintergrund.

Aufgaben:
a) Beschreibe die sich bildenden Niederschläge.
b) Formuliere die Reaktionsgleichung für die Reaktion in Ionenschreibweise.
c) Schätze den Chloridgehalt der Proben mithilfe der folgenden Abbildung ab.

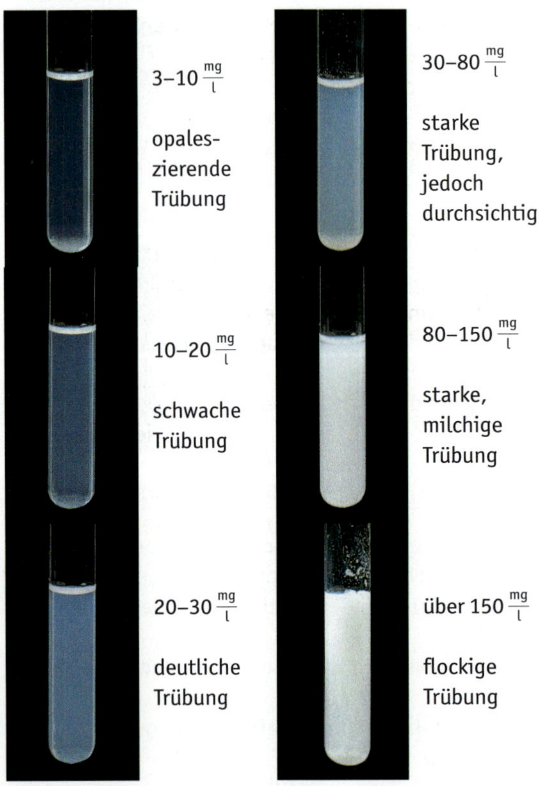

Abschätzung des Chloridgehalts

Versuch 2:
Bromid-Ionen und Iodid-Ionen

Materialien: Tropfpipetten;
Salpetersäure (verd.; 5, 7), Silbernitratlösung (1 %; B2),
Proben: stark verdünnte Kaliumbromidlösung, stark verdünnte Kaliumiodidlösung.

Durchführung:
1. Fülle Reagenzgläser zu einem Drittel mit den zu untersuchenden Proben.
2. Gib jeweils zehn Tropfen Salpetersäure und zehn Tropfen Silbernitratlösung hinzu und schüttle.
3. Vergleiche die Niederschläge in beiden Lösungen.

Aufgaben:
a) Beschreibe die sich bildenden Niederschläge.
b) Formuliere die Reaktionsgleichungen.

Versuch 3:
Löslichkeit der Silberhalogenide

Materialien: Tropfpipetten;
Salpetersäure (verd.; 5, 7), Silbernitratlösung (1 %; B2), Ammoniaklösung (verd.; 5, B1), Natriumthiosulfatlösung (verd.),
Proben: stark verdünnte Lösungen von Kaliumchlorid, Kaliumbromid und Kaliumiodid.

Durchführung:
1. Fülle ein Reagenzglas zu einem Viertel mit Kaliumchloridlösung.
2. Gib drei Tropfen Salpetersäure und drei Tropfen Silbernitratlösung hinzu und schüttle vorsichtig.
3. Versetze den Niederschlag tropfenweise mit Ammoniaklösung und schüttle vorsichtig.
4. Untersuche Kaliumbromidlösung und Kaliumiodidlösung ebenso.
5. Wiederhole die Versuche mit Natriumthiosulfatlösung an Stelle der Ammoniaklösung.

Aufgaben:
a) Beschreibe und deute deine Beobachtungen.
b) Eine Laborantin ist sich nicht sicher, ob in einer Lösung Chlorid-Ionen oder Bromid-Ionen vorliegen. Beschreibe das Vorgehen, um Klarheit zu erlangen.

Versuch 4:
Sulfat-Ionen und Carbonat-Ionen

Materialien: Tropfpipetten, Spatel;
Bariumchloridlösung (1 %, **7**, **B2**), Salzsäure (verd.)
Proben: verdünnte Lösungen von Natriumsulfat und von Natriumcarbonat.

Durchführung:
1. Fülle die Reagenzgläser zu einem Drittel mit den zu untersuchenden Proben.
2. Gib einige Tropfen Bariumchloridlösung und anschließend Salzsäure hinzu und schüttle vorsichtig.

Aufgaben:
a) Beschreibe die sich bildenden Niederschläge.
b) Formuliere die Reaktionsgleichungen.
c) Begründe die Zugabe von Salzsäure.

Versuch 5:
Analyse von Mineralwasser

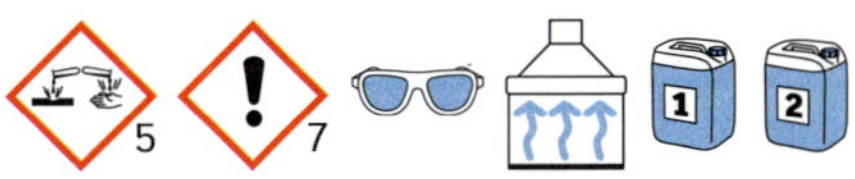

Materialien: Tropfpipetten;
Bariumchloridlösung (1 %, **7**, **B2**), Salzsäure (verd.), Salpetersäure (verd., **5**, **7**), Silbernitratlösung (1 %; **B2**), Ammoniaklösung (verd.; **5**, **B1**), Natriumthiosulfatlösung (verd.).
Proben: stilles Mineralwasser, kohlensäurehaltiges Mineralwasser.

Durchführung:
1. Plane die Vorgehensweise zur Untersuchung der Mineralwasserproben auf vorhandene Anionen.
2. Führe die Versuche nach deinem Plan durch.

Aufgaben:
a) Notiere deine Beobachtungen in tabellarischer Form.
b) Formuliere die Reaktionsgleichungen.
c) Vergleiche deine Ergebnisse mit den Angaben auf dem Etikett der Mineralwasserflasche. Erkläre auftretende Abweichungen.

Versuch 6:
Gesteinsuntersuchungen

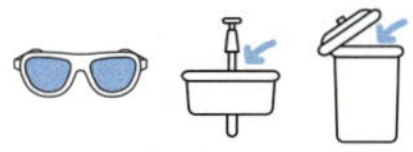

Materialien: Tropfpipetten;
Salzsäure (verd.),
Proben: Marmor, Basalt, Granit.

Durchführung:
1. Gib auf die Gesteinsproben je vier Tropfen verdünnte Salzsäure.

Aufgaben:
a) Notiere deine Beobachtungen.
b) Gib die carbonathaltigen Proben an.
c) Formuliere eine mögliche Reaktionsgleichung.

Versuch 7:
Flammenfärbung

Materialien: Gasbrenner, Magnesiastäbchen, Becherglas (100 ml), Uhrgläser, Cobaltglas, Handspektroskop;
Lithiumchlorid (**7**), Natriumchlorid, Kaliumchlorid, Strontiumchlorid (**7**), Bariumchlorid (**6**, **B2**), Salzsäure (verd.), Probe eines unbekannten Salzes.

Durchführung:
1. Gib etwas Salzsäure in das Becherglas. Tauche ein Magnesiastäbchen kurz ein und erhitze es dann in der Brennerflamme. Wiederhole diesen Arbeitsschritt, bis keine Flammenfärbung mehr zu erkennen ist.
2. Feuchte das Stäbchen noch einmal mit Salzsäure an. Nimm damit etwas Lithiumchlorid vom Uhrglas auf und halte es in die Flamme.
3. Betrachte die Flamme durch das Spektroskop.
4. Brich ein Stück des Magnesiastäbchens ab. Wiederhole den Versuch dann mit den anderen Salzen. Beobachte die Flamme im Falle von Kaliumchlorid auch mit dem Cobaltglas.
5. Untersuche die Probe des unbekannten Salzes.

Aufgaben:
a) Notiere deine Beobachtungen.
b) Das Magnesiastäbchen muss vor der Untersuchung der Salze ausgeglüht werden. Erkläre.

3.4 Farbreaktionen

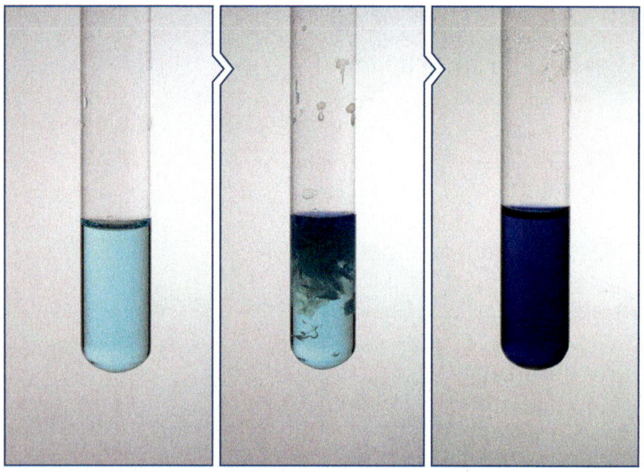

1 *Nachweis von Cu^{2+}-Ionen*

2 *Phosphorsalzperle*

Viele Stoffe und Ionen lassen sich durch charakteristische Farbreaktionen nachweisen. Diese einfachen Reaktionen sind zuverlässig und vor allem im Vergleich zu anderen analytischen Verfahren sehr preiswert.

Säure-Base-Indikatoren. Ein weit verbreiteter Indikator ist *Lackmus*, der im sauren Bereich eine rote und im basischen Bereich eine blaue Farbe zeigt. Im Labor verwendet man häufig *Methylorange* mit roter Farbe im sauren und gelber Farbe im basischen Bereich. Neben diesen Mehrfarbenindikatoren gibt es auch Einfarbenindikatoren: So ist *Phenolphthalein* im sauren und im neutralen Bereich farblos und im basischen rot. *Universalindikatoren* bestehen dagegen aus einer Mischung verschiedener Indikatoren und zeigen jeden pH-Wert mit einer eigenen Farbe an. Die entsprechende Farbskala wird dabei auf der Verpackung mitgeliefert.

In der Analytik verwendet man Säure-Base-Indikatoren zum Nachweis von *Wasserstoff-Ionen* und von *Hydroxid-Ionen*. Mit einem Universalindikator lässt sich über den pH-Wert dann sogar die Konzentration der H^+-Ionen und der OH^--Ionen bestimmen.

Nachweis von weiteren Ionen. Gibt man zu einer Kupfersalzlösung Ammoniaklösung, so tritt ein hellblauer Niederschlag auf, der sich bei weiterer Zugabe von Ammoniaklösung wieder auflöst. Dabei entsteht eine tiefblaue Lösung. Die Reaktion kann als Nachweis für *Kupfer-Ionen* verwendet werden (Abb. 1).

Ammonium-Ionen (NH_4^+) in einer Salzprobe können indirekt über eine Farbreaktion nachgewiesen werden (Abb. 3). Dazu versetzt man das Salz mit Natronlauge. Bei der dabei ablaufenden Reaktion entsteht gasförmiger Ammoniak, der mit dem Wasser in angefeuchtetem Universalindikatorpapier unter Bildung von Hydroxid-Ionen reagiert. Das Ergebnis ist eine Blaufärbung.

Phosphorsalzperle. Beim Erhitzen von dem Phosphorsalz *Natrium-Ammoniumhydrogenphosphat* entsteht eine glasartige Schmelze, die nach dem Abkühlen die so genannte *Phosphorsalzperle* bildet. In der Schmelze enthaltene Metall-Ionen bewirken dabei eine charakteristische Färbung, die als Vorprobe genutzt wird (Abb. 2).

Durch spezifische Farbreaktionen kann eine ganze Reihe von Stoffen und Ionen nachgewiesen werden.

1 Begründe, ob folgende Lösungen sauer, basisch oder neutral reagieren: Rotfärbung von Methylorange, farblose Lösung mit Phenolphthalein, Blaufärbung durch Lackmus.

2 Vergleiche Einfarbenindikatoren und Mehrfarbenindikatoren.

3 **Expertenaufgabe:** Formuliere die Reaktionsgleichungen für den Ammoniumnachweis.

4 Recherchiere den Nachweis von Eisen-Ionen (Fe^{3+}).

5 In der Analytik ist der Einsatz von Teststäbchen weit verbreitet. Recherchiere Möglichkeiten zur Bestimmung der Wasserqualität in Aquarien mithilfe von Teststäbchen oder Nachweis-Kits.

Die Probe wird mit Natronlauge versetzt und mit einem zweiten Uhrglas abgedeckt, an dessen Innenseite sich ein angefeuchteter Streifen Universalindikatorpapier befindet.

3 *Nachweis Ammonium-Ionen (NH_4^+-Ionen)*

Praktikum Farbreaktionen

Versuch 1: Phosphorsalzperle

Materialien: Gasbrenner, Magnesiastäbchen, Tüpfelplatte;
Phosphorsalz (Natrium-Ammoniumhydrogenphosphat), Salzsäure (verd., **B1**), Eisensulfat ($FeSO_4$, **7**), Kupfersulfat ($CuSO_4$, **7**, **9**, **B2**), Mangansulfat ($MnSO_4$, **8**, **9**, **B2**), unbekanntes Sulfat mit Fe^{2+}-, Cu^{2+}- oder Mn^{2+}-Ionen.

Durchführung:

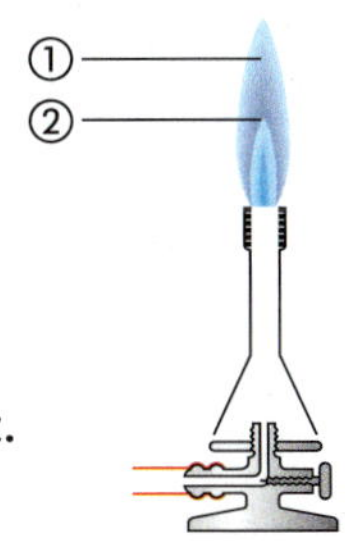

1. Erhitze in der nicht leuchtenden Brennerflamme die Spitze des Magnesiastäbchens bis zum Glühen.
2. Tauche die heiße Spitze vorsichtig zuerst in die Salzsäure und anschließend in das Phosphorsalz.
3. Das an der Spitze haftende Phosphorsalz wird unter Drehen des Magnesiastäbchens in der Flamme geschmolzen, bis eine runde Perle entsteht.
4. Nimm mit der noch heißen Perle eine ganz geringe Menge an Eisensulfat auf, halte sie entsprechend der Abbildung in die Oxidationsflamme ① und lasse sie unter ständigem Drehen noch einmal schmelzen.
5. Stelle nach dem Abkühlen die Farbe fest.
6. Wiederhole die Schritte 1-3 mit einem neuen Magnesiastäbchen.
7. Verfahre wie in Schritt 4. Halte die Perle jedoch in die Reduktionsflamme des Brenner ②.
8. Wiederhole die Schritte 1-7 mit Kupfersulfat, mit Mangansulfat und mit dem unbekannten Salz.

Aufgaben:

a) Notiere deine Beobachtungen.
b) Vergleiche deine Beobachtungen mit den Angaben in der Tabelle.
c) Bestimme das unbekannte Salz.
d) Recherchiere die Ursache für die unterschiedlichen Farben in der Oxidations- und der Reduktionsflamme.

Metall-Ion	Oxidationsflamme	Reduktionsflamme
Cu^{2+}	grün	farblos
Mn^{2+}	violett	farblos
Fe^{2+}	gelb	grünlich

Farben der Phosphorsalzperle

Versuch 2: Untersuchung von pflanzlichen Indikatoren

Materialien: Pipetten, Messer, Gasbrenner;
frisches Rotkraut, Sauerkirschsaft, Malventee, schwarzer Tee, Rote-Bete-Saft, Lackmuslösung, Salzsäure (verd., **B1**), Ammoniaklösung (**5**, **B1**).

Durchführung:

1. Schneide das Rotkraut in kleine Stücke und koche es mit etwas Wasser im Becherglas. Dekantiere den Rotkrautsaft.
2. Gib den Malventee und den schwarzen Tee jeweils in etwas kochendes Wasser. Dekantiere diese Teeaufgüsse.
3. Fülle den Rotkrautsaft in zwei Reagenzgläser. Gib in das erste Reagenzglas einige Tropfen Salzsäure und in das zweite einige Tropfen Ammoniaklösung.
4. Verfahre ebenso mit den anderen Indikatoren.

Aufgabe:

Notiere deine Beobachtungen. Erstelle dazu eine Tabelle.

Versuch 3: Nachweis von Nitrat-Ionen mit Teststäbchen

Materialien: Messer;
Gurke, Kartoffel, Tomate und weitere Früchte aus konventionellem und ökologischem Landbau, Nitrat-Teststäbchen.

Durchführung:

1. Schneide die Gurke an. Halte ein Nitrat-Teststäbchen an die aus der Schnittfläche austretende Flüssigkeit.
2. Lies den Nitratgehalt durch Vergleich mit der Skala ab.
3. Untersuche ebenso die anderen Früchte.

Aufgaben:

a) Notiere deine Beobachtungen.
b) Vergleiche die Herkunft und den Nitratgehalt der Früchte. Haben Früchte aus dem ökologischen Landbau einen geringeren Nitratgehalt?

3.5 Titration – ein quantitatives Verfahren

Gibt man gleiche Volumina Salzsäure und Natronlauge zusammen, so ist die entstehende Lösung nicht in allen Fällen neutral. Eine neutrale Lösung erhält man nur, wenn die Anzahl der Wasserstoff-Ionen in der Säure mit der Anzahl der Hydroxid-Ionen in der Lauge übereinstimmt und alle H^+-Ionen und OH^--Ionen in der Lösung zu Wasser reagieren:

$$H^+ (aq) + OH^- (aq) \longrightarrow H_2O (l)$$

Um die für eine Neutralisation notwendigen Volumina an Säure und an Lauge zu ermitteln, muss man daher wissen, wie viele Teilchen in der Lösung vorliegen.

Stoffmengenkonzentration. Eine Gehaltsangabe für Lösungen, die eine Aussage über die Teilchenzahl macht, ist die *Stoffmengenkonzentration c* (engl.: *concentration*). Sie gibt an, welche Stoffmenge eines Stoffes in einem bestimmten Volumen vorliegt:

$$c = \frac{n}{V}; \quad \text{Einheit: } \frac{\text{mol}}{\text{l}}$$

Will man die Stoffmengenkonzentration einer Natronlauge berechnen, die 8 g Natriumhydroxid in 100 ml Lösung enthält, so muss man zunächst die Stoffmenge *n* aus der Masse und der molaren Masse ermitteln. Die molare Masse für Natriumhydroxid beträgt 40 $\frac{\text{g}}{\text{mol}}$.

$$n(\text{NaOH}) = \frac{m(\text{NaOH})}{M(\text{NaOH})} = \frac{8\text{ g}}{40\,\frac{\text{g}}{\text{mol}}} = 0{,}2\text{ mol}$$

Die Stoffmengenkonzentration ergibt sich nun aus der Stoffmenge *n* und dem Volumen *V*:

$$c(\text{NaOH}) = \frac{n(\text{NaOH})}{V(\text{Lösung})} = \frac{0{,}2\text{ mol}}{0{,}1\text{ l}} = 2\,\frac{\text{mol}}{\text{l}}$$

Im Labor verwendet man oft Lösungen mit genau bekannter Stoffmengenkonzentration, sogenannte *Maßlösungen*. Mit ihrer Hilfe lassen sich unbekannte Konzentrationen anderer Lösungen bestimmen. Diese Art der quantitativen Analyse nennt man *Maßanalyse*. Ein maßanalytisches Verfahren, um den Gehalt an Säuren oder Basen zu bestimmen, ist die **Säure-Base-Titration.**

Durchführung einer Titration. Soll die Konzentration einer Salzsäure bestimmt werden, entnimmt man der Säure mit einer *Vollpipette* ein bestimmtes Volumen. Dieser Probe setzt man in einem Erlenmeyerkolben einige Tropfen Indikator zu, dessen Farbe umschlägt, wenn die Lösung neutralisiert ist. Dann lässt man aus einer *Bürette* nach und nach Natronlauge als Maßlösung zutropfen und rührt dabei die Probelösung durch Schwenken des Erlenmeyerkolbens stetig um (Abb. 1, ①). Sobald der Indikator umschlägt, schließt man den Hahn der Bürette und liest das Volumen der verbrauchten Maßlösung ab (Abb. 1, ②).

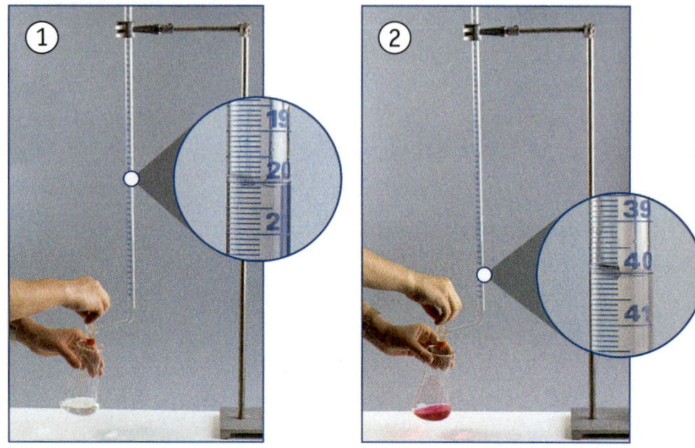

1 *Titration von Hand mit einer Bürette ...*

Auswertung einer Titration. Bei der Titration von Salzsäure mit Natronlauge läuft folgende Reaktion ab:

$$\mathbf{H^+ (aq)} + Cl^- (aq) + Na^+ (aq) + \mathbf{OH^- (aq)} \longrightarrow Na^+ (aq) + Cl^- (aq) + \mathbf{H_2O (l)}; \quad \text{exotherm}$$

Der Indikator schlägt um, wenn *gleiche* Stoffmengen an Wasserstoff-Ionen und Hydroxid-Ionen miteinander reagiert haben. Es gilt:

$$n(H^+) = n(OH^-)$$

Man nennt den Umschlagspunkt einer Titration daher auch **Äquivalenzpunkt** (lat. *aequis:* gleich; *valere:* wert sein).

Die Stoffmenge gelöster Teilchen ergibt sich allgemein aus dem Produkt der Stoffmengenkonzentration und dem Volumen der Lösung: $n = c \cdot V$

Am Umschlagspunkt des Indikators ergibt sich somit:

$$c(H^+) \cdot V(\text{Salzsäure}) = c(OH^-) \cdot V(\text{Natronlauge})$$

Durch Umformen der Gleichung lässt sich die Konzentration der Wasserstoff-Ionen und der Säure ermitteln:

$$c(H^+) = \frac{c(OH^-) \cdot V(\text{Natronlauge})}{V(\text{Salzsäure})}$$

Beispiel: Für die Titration von 20 ml Salzsäure unbekannter Konzentration wurden 15,2 ml Natronlauge der Konzentration 0,2 $\frac{\text{mol}}{\text{l}}$ benötigt. Man erhält für die Konzentration der Wasserstoff-Ionen:

$$c(H^+) = \frac{0{,}2\,\frac{\text{mol}}{\text{l}} \cdot 15{,}2\text{ ml}}{20\text{ ml}} = 0{,}152\,\frac{\text{mol}}{\text{l}}$$

Da Salzsäure eine einwertige Säure ist, gilt somit $c(\text{Salzsäure}) = c(H^+) = 0{,}152\,\frac{\text{mol}}{\text{l}}$

Leitfähigkeitstitration. Der Endpunkt einer Titration lässt sich nicht nur durch das Umschlagen eines Indikators, sondern auch durch Messung der elektrischen Leitfähigkeit der Lösung während der Titration bestimmen (Abb. 2). Bei der Reaktion werden in der Lösung nach und nach H^+-Ionen durch Na^+-Ionen ersetzt. Trotz gleich bleibender Anzahl an Ionen und Ladungen sinkt die Leitfähigkeit, denn die H^+-Ionen sind beweglicher als die größeren Na^+-Ionen. Somit sinkt die Leitfähigkeit der Lösung beim Ersetzen der Wasserstoff-Ionen durch die Natrium-Ionen bis zum Äquivalenzpunkt. Tropft man nach dem Umschlagspunkt der Titration weitere Natronlauge zu, findet keine Reaktion mehr statt, die zusätzlichen Ionen lassen die Leitfähigkeit wieder allmählich ansteigen.

Die Stoffmengenkonzentration einer sauren oder basischen Lösung lässt sich durch Titration bestimmen. Man tropft dabei eine Maßlösung zu einer Probelösung, bis die Farbe eines zugegebenen Indikators umschlägt.

Rechenbeispiel

Auswertung einer Titration

20 ml Schwefelsäure werden mit Natronlauge der Stoffmengenkonzentration $0{,}1\,\frac{mol}{l}$ titriert.
Der Verbrauch an Maßlösung beträgt 28,4 ml.

1. Gegebene Werte und gesuchte Größen

gegeben: $c(NaOH) = 0{,}1\,\frac{mol}{l}$
$V(NaOH) = 28{,}4\,ml$
$V(H_2SO_4) = 20{,}0\,ml$

gesucht: $c(H_2SO_4)$

2. Aufstellen der Reaktionsgleichung

$$2\,H^+(aq) + SO_4^{2-}(aq) + 2\,Na^+(aq) + 2\,OH^-(aq) \rightarrow 2\,Na^+(aq) + SO_4^{2-}(aq) + 2\,H_2O\,(l)$$

3. Berechnung von $c(H^+)$ und $c(H_2SO_4)$

Am Umschlagspunkt des Indikators gilt:
$n(H^+) = n(OH^-)$; mit $n = c \cdot V$ ergibt sich:

$$c(H^+) \cdot V(H_2SO_4) = c(OH^-) \cdot V(NaOH)$$

$$c(H^+) = \frac{c(OH^-) \cdot V(NaOH)}{V(H_2SO_4)}$$

$$c(H^+) = \frac{0{,}1\,\frac{mol}{l} \cdot 28{,}6\,ml}{20\,ml} = 0{,}143\,\frac{mol}{l}$$

Da die Schwefelsäure eine zweiwertige Säure ist, gilt: $c(H_2SO_4) = \frac{1}{2}\,c(H^+) = 0{,}071\,\frac{mol}{l}$

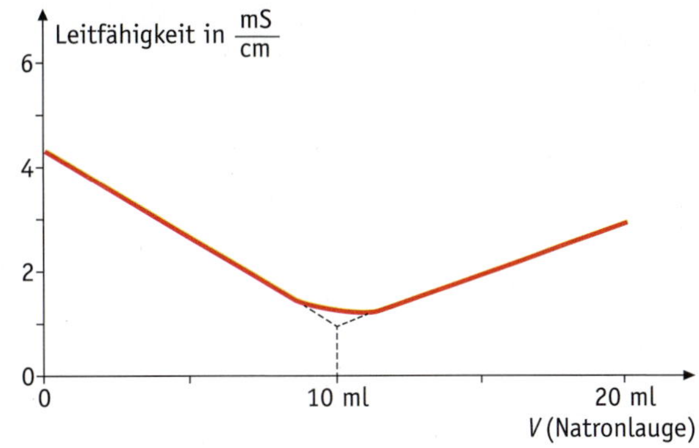

2 *Leitfähigkeitsänderung während einer Titration*

1 Benenne alle für die Durchführung einer Titration notwendigen Geräte und erkläre ihre Funktion.

2 5 g Natriumhydroxid werden in Wasser gelöst und die Lösung mit Wasser auf 500 ml aufgefüllt. Bestimme die Stoffmengenkonzentration der Natriumhydroxidlösung.

3 a) Berechne die Stoffmenge an H^+-Ionen, die in 25 ml Salzsäure $c = 0{,}1\,\frac{mol}{l}$ enthalten ist.
b) Gib an, welches Volumen an Natronlauge mit der Konzentration $0{,}125\,\frac{mol}{l}$ man benötigt, um die saure Lösung aus Aufgabe 3 a) zu neutralisieren.

4 a) Eine Probe von 25 ml Natronlauge wird mit Salzsäure der Konzentration $c(HCl) = 1\,\frac{mol}{l}$ titriert.
Bis zum Umschlag des Indikators werden 21,2 ml der Maßlösung verbraucht. Berechne die Konzentration der Natronlauge.
b) Erkläre, welchen Verbrauch man erhält, wenn man dieselbe Probe mit Schwefelsäure der Konzentration $0{,}1\,\frac{mol}{l}$ titriert.
c) Beurteile die Verwendung der Schwefelsäure in der angegebenen Konzentration.

5 Bei einer Qualitätskontrolle soll der Gehalt an Essigsäure im Haushaltsessig überprüft werden. Dazu wird eine Probe von 25 ml Essig entnommen und mit Natronlauge der Konzentration $1\,\frac{mol}{l}$ titriert. Für die Titration werden 20,7 ml Natronlauge verbraucht.
Berechne die Konzentration der Essigsäure und vergleiche dein Ergebnis mit den Angaben auf der Flasche. Rechne für den Vergleich die Angaben um.

6 Erkläre mithilfe der Abbildung 2 die Veränderung der Leitfähigkeit während der Titration, wenn zu einer Säure eine basische Lösung getropft wird.

7 **Expertenaufgabe:** Bei der Leitfähigkeitstitration einer Calciumhydroxidlösung mit verdünnter Schwefelsäure fällt das schwer lösliche Salz Calciumsulfat aus und es bildet sich im Verlauf der Titration ein Bodenkörper. Skizziere in Anlehnung an Abb. 2 die Veränderungen der Leitfähigkeit im Verlauf der Titration und erkläre die Unterschiede zu Abb. 2.

Titration

Versuch 1:
Titration von Natronlauge

Materialien: Erlenmeyerkolben (200 ml, weit) Vollpipette (20 ml), Pipettierhilfe, Bürette oder Kunststoffspritze (50 ml) mit Sicherheitskanüle, kleiner Trichter, Becherglas (100 ml);
Probelösung: Natronlauge ($c \approx 0{,}1\,\frac{\text{mol}}{\text{l}}$),
Maßlösung: Salzsäure ($c = 0{,}1\,\frac{\text{mol}}{\text{l}}$; **B1**),
Bromthymolblaulösung.

Durchführung:
1. Miss mit der Pipette 20 ml Natronlauge genau ab und gib die Lösung in den Erlenmeyerkolben.
   Hinweis: Die Pipette darf *nicht* ausgeblasen werden, sie ist auf Auslauf geeicht.
2. Setze einige Tropfen Indikatorlösung zu.
3. Fülle die Bürette mit Salzsäure als Maßlösung. Lass einige Tropfen in das Becherglas ablaufen, damit im Bürettenauslauf die Luft verdrängt wird. Lies den Flüssigkeitsstand in der Bürette ab.
4. Tropfe unter ständigem Umschwenken des Erlenmeyerkolbens Salzsäure aus der Bürette in die Natronlauge, bis die Farbe des Indikators umschlägt. Lies das Volumen an verbrauchter Salzsäure an der Bürette ab.
   Hinweis: Statt mit der Bürette kann die Titration auch mit der Kunststoffspritze erfolgen.

Aufgabe:
Berechne die Stoffmengenkonzentration der Natronlauge.

Versuch 2:
Wie viel Essigsäure enthält Speiseessig?

Materialien: Erlenmeyerkolben (200 ml, weit) Vollpipette (20 ml), Pipettierhilfe, Bürette oder Kunststoffspritze mit Sicherheitskanüle, kleiner Trichter, Becherglas (100 ml);
Speiseessig, Essigessenz (**5**), Natronlauge ($1\,\frac{\text{mol}}{\text{l}}$; **5**), Phenolphthaleinlösung (< 0,1 %; **2**, **7**).

Durchführung:
1. Gib mit der Vollpipette 20 ml Speiseessig in den Erlenmeyerkolben und versetze die Probe mit einigen Tropfen Phenolphthaleinlösung.
2. Fülle die Bürette mit Natronlauge. Lass einige Tropfen in das Becherglas ablaufen, damit die Luft im Bürettenauslauf verdrängt wird, und lies das Volumen der Maßlösung in der Bürette ab.
3. Tropfe unter ständigem Umschwenken des Erlenmeyerkolbens Natronlauge aus der Bürette in die Probe, bis die Farbe des Indikators umschlägt. Lies das Volumen an der Bürette ab.
4. Wiederhole den Versuch mit einer Probe von 5 ml Essigessenz.

Aufgaben:
a) Berechne die Stoffmengenkonzentration und die Masse der Essigsäure in Essig und Essigessenz.
b) Auf dem Etikett der Flaschen ist häufig der Massenanteil an Essig in Prozent angegeben. Rechne deine Ergebnisse aus a) in den Wert für den Massenanteil um und beurteile die Genauigkeit der Titration.
Hinweis: Die Dichte von Haushaltsessig und Essigessenz beträgt etwa $1\,\frac{\text{g}}{\text{ml}}$.

Richtig messen mit Vollpipette und Bürette

- Eine Vollpipette ist auf Auslauf geeicht. Sie darf aus diesem Grund nicht ausgeblasen werden.
- Beim Ablesen müssen sich die Augen auf der gleichen Höhe wie der Flüssigkeitsstand befinden.
- Im Hintergrund der Bürette befindet sich meist eine Ablesehilfe – der Schellbach-Streifen. Durch Lichtbrechungseffekte zeigt eine Spitze exakt die Höhe des Flüssigkeitsspiegels an.

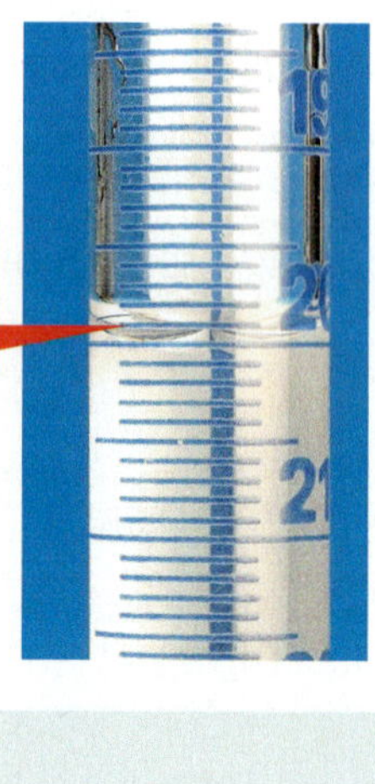

Das richtig abgelesene Volumen beträgt 20,1 ml.

Versuch 3 für Experten:
Leitfähigkeitstitration

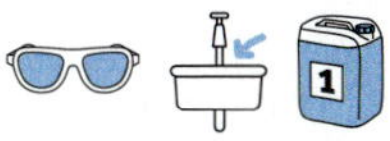

Materialien: Becherglas (200 ml), Becherglas (100 ml), Vollpipette (10 ml), Pipettierhilfe, Bürette, kleiner Trichter, Leitfähigkeitsmessgerät, Magnetrührer mit Rührstäbchen;
Salzsäure ($c \approx 0{,}1\ \frac{mol}{l}$; **B1**), Natronlauge ($0{,}1\ \frac{mol}{l}$).

Durchführung:

1. Pipettiere genau 10 ml der Probelösung in das große Becherglas und fülle die Lösung mit Wasser auf etwa 100 ml auf.
2. Fülle die Bürette mit Natronlauge als Maßlösung. Lass einige Tropfen in das Becherglas (100 ml) ablaufen, um den Bürettenauslauf zu füllen.
3. Tauche das Leitfähigkeitsmessgerät in die Salzsäure und notiere die Leitfähigkeit.
4. Lass aus der Bürette 1 ml Natronlauge in die Salzsäure laufen. Notiere die Leitfähigkeit.

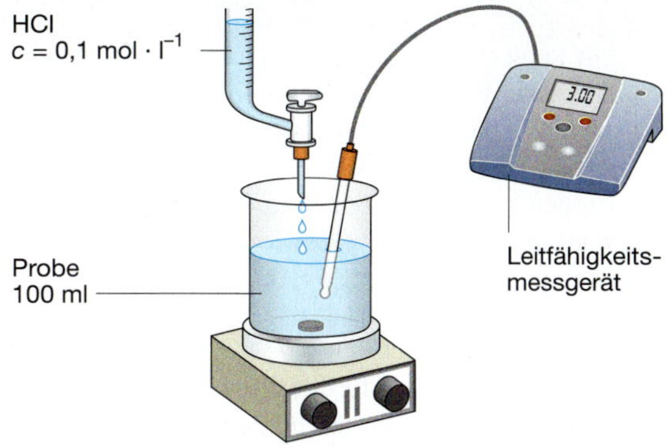

5. Wiederhole Schritt 4, bis insgesamt 20 ml Natronlauge zugefügt wurden.

Aufgaben:

a) Fertige eine Wertetabelle an und stelle die Messwerte in einem Koordinatensystem dar.
b) Beschreibe und erkläre den Kurvenverlauf.
c) Bestimme die Stoffmengenkonzentration der Salzsäure.

Methode **Maßlösungen**

In einem Labor, das quantitative Analysen durchführt, werden sehr viele Maßlösungen benötigt. Da nicht jede Maßlösung im Handel erhältlich ist, müssen sie öfter im Labor selbst hergestellt werden. Ein Beispiel für eine häufig benötigte Maßlösung ist die Oxalsäurelösung.

Um einen Liter einer Oxalsäure-Maßlösung mit einer Konzentration von $1\ \frac{mol}{l}$ herzustellen, muss man zunächst die benötigte Masse an Oxalsäure ($H_2C_2O_4$) abwiegen. Sie ergibt sich wie folgt aus der gewünschten Konzentration, der molaren Masse und dem gewünschten Volumen:

$$m = c \cdot M \cdot V = 1\ \frac{mol}{l} \cdot 90\ \frac{g}{mol} \cdot 1\ l = 90\ g$$

Der Feststoff wird nun vollständig in einen Messkolben überführt und anschließend in Wasser gelöst. Dabei wird zunächst noch nicht das gesamte benötigte Volumen an Wasser in den Messkolben gegeben, da beim Lösen des Feststoffes Wärme entsteht. Eine exakte Volumenmessung ist mit einem Messkolben stets nur bei 20 °C möglich. Erst wenn der komplette Feststoff gelöst und die Lösung wieder auf 20 °C abgekühlt ist, wird der Messkolben bis zur Markierung mit Wasser aufgefüllt und anschließend gut durchmischt.

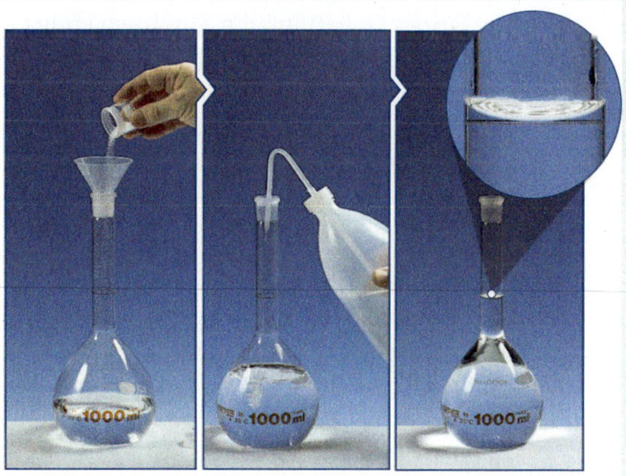

Methode **Experimentalvortrag**

Ein Referat oder ein Kurzvortrag im Fach Chemie ist etwas Besonderes, denn ein wesentlicher Bestandteil ist dabei ein Experiment. Das Experiment ermöglicht es, Zusammenhänge zu sehen, Vermutungen aufzustellen oder zu überprüfen. Die Auswahl und die Planung des Experimentes sind also besonders wichtig. Ansonsten gelten hier die gleichen Regeln für Vorträge wie in allen Fächern.

1. Thema und Inhalt des Vortrags:

- Sprich dein Thema mit deinem Lehrer ab.
- Beschaffe weitere Informationen über dein Thema mithilfe von Lexika, Fachbüchern und aus dem Internet.
- Kläre die notwendigen Fachbegriffe ab.
- Überlege dir, welches Experiment du vorführen willst.
- Besprich die Vorüberlegungen mit dem Lehrer.

Tipp: Überlege dir auf Grundlage des bisherigen Unterrichts, welche Vorkenntnisse deine Mitschüler haben. So kannst du deinen Vortrag auf deine Zuhörer abstimmen.

2. Aufbau und Gliederung des Vortrags:

- Erstelle eine Gliederung des Vortrags und stelle erst danach den Text zusammen.
- Schreibe kurze Sätze oder arbeite mit Anstrichen. Dadurch notierst du von Anfang an das Wesentliche.
- Beginne den Vortrag mit einer knappen und interessanten Einleitung, die zum Thema führt.
- Untergliedere den Hauptteil nach den wichtigsten Inhalten.
- Überlege, an welcher Stelle das Experiment am besten eingesetzt werden kann.
- Fasse am Ende den gesamten Inhalt in wenigen Sätzen zusammen.

Tipp: Die Zusammenhänge müssen für die Zuhörer transparent werden. Dazu sollte die Gliederung deines Vortrags als roter Faden erkennbar sein. Verwende auch Diagramme und Bilder zur Verdeutlichung deiner Aussagen.

3. Vorbereitung des Vortrags:

- Überlege dir, wie du dein Thema veranschaulichen möchtest. Willst du an die Tafel schreiben, nutzt du Folien für den Tageslichtprojektor, erstellst du eine Powerpoint-Präsentation oder setzt du ein Smartboard ein?
- Schreibe so groß, dass jeder es lesen kann und verwende – wenn es sinnvoll ist – verschiedene Farben.
- Schreibe für deinen Vortrag die wesentlichen Stichpunkte auf Karteikarten.
- Erstelle für deine Mitschüler ein Handout.

Tipp: Übe den Vortrag zu Hause, damit du die Zeitdauer richtig einschätzen kannst, und trage ihn zur Kontrolle einem kritischen Zuhörer vor.

4. Vorbereitung des Experiments:

- Plane deinen Versuch genau und überlege dir, welche Materialien du dazu brauchst.
- Schlage nach, welche Sicherheitsvorkehrungen zu beachten sind.
- Probiere den Versuch aus. Sollte der gewünschte Effekt nicht deutlich werden, überlege dir, wie er verstärkt werden könnte.
- Überlege, welche Arbeitsschritte notwendig sind, die während des Vortrags zu lange dauern würden. Diese Arbeitsschritte musst du vorher vorbereiten.

Tipp: Bitte einen Freund, dir bei den Vorbereitungen zu helfen.

5. Halten des Experimentalvortrags:

- Trage den Vortrag anhand deiner Notizen frei vor.
- Leite die einzelnen Abschnitte deutlich ein: „Ein weiterer Punkt ist …".
- Erläutere die vorbereiteten Folien und das Experiment. Erkläre alle notwendigen Fachbegriffe.
- Lass den Zuhörern Zeit, den Inhalt der Folien aufzunehmen und sich eventuell Notizen zu machen.
- Fasse wesentliche Abschnitte zusammen und gib am Ende deines Vortrages eine Gesamtzusammenfassung und verteile das Handout.
- Danke am Schluss den Zuhörern und allen, die dir bei der Vorbereitung geholfen haben.

Tipp: Kontrolliere das Sprechtempo und die Lautstärke.

Methode Durchführung von Projekten

1 *Arbeit in der Projektgruppe*

2 *Darstellen der Ergebnisse*

Ein interessanter Aspekt der Arbeit im Chemielabor ist die Untersuchung von Alltagsprodukten auf einzelne Inhaltsstoffe. Solche Untersuchungen sind oft aufwendig; sie eignen sich daher gut für arbeitsteilige Methoden wie die Projektarbeit.

Auf den folgenden Seiten finden sich Anregungen für entsprechende Aufgabenstellungen. Die konkrete Arbeit muss in der Projektgruppe verabredet und dann mit der Lehrerin oder dem Lehrer abgesprochen werden. Bei der Vorbereitung eines Projekts werden in der Klasse Projektgruppen gebildet, die unter einem *Gesamtthema* die Bearbeitung von einzelnen *Teilthemen* übernehmen.

1. Themenfindung in den Projektgruppen:

- Alle Gruppenmitglieder diskutieren konkrete Fragestellungen aus dem Gesamtthema. Jedes Gruppenmitglied bringt seine Vorschläge ein.
- Die Projektgruppe entscheidet dann gemeinsam, welches Teilthema bearbeitet werden soll.

Tipp: Das Thema soll so gewählt werden, dass sich alle Gruppenmitglieder in die Arbeit einbringen können.

2. Planung des Projekts:

- Entscheidet in der Projektgruppe, welche Aufgaben gemeinsam erledigt werden, und verteilt Aufgaben an einzelne Gruppenmitglieder.
- Die Arbeitsverteilung wird in einem *schriftlichen* Plan festgehalten, der auch genaue Vorgaben enthält, bis zu welchem Zeitpunkt die jeweilige Arbeit erledigt sein muss.
- Die Planung wird dem Lehrer oder der Lehrerin vorgestellt. In diesem Gespräch entscheidet sich letztlich, ob sich alle Vorstellungen umsetzen lassen.

Tipp: Wichtig ist, dass jedes Gruppenmitglied seine Aufgaben im Rahmen des Teilprojektes genau kennt und termingerecht erledigt.

3. Projektdurchführung:

- Arbeitet während der Projektdurchführung nach dem vereinbarten Plan einzeln oder in eurer Projektgruppe.
- Besprecht regelmäßig gemeinsam den Fortschritt der Arbeit.
- Helft euch gegenseitig bei Schwierigkeiten. Kommt ihr selbst nicht weiter, dann holt euch beim Lehrer Hilfe.

Tipp: Erledigt verlässlich alle übernommenen Arbeiten.

4. Abschluss des Projektes:

- Tragt die Ergebnisse *rechtzeitig* zusammen.
- Begründet, welche Vorhaben sich als nicht realisierbar herausgestellt haben.
- Entscheidet, in welcher Form die Ergebnisse vorgestellt werden sollen.

Tipp: Für die Durchführung weiterer Projekte sollte in der Projektgruppe kritisch Bilanz gezogen werden.

5. Präsentation der Ergebnisse:

- An der Präsentation muss die gesamte Gruppe gemeinsam arbeiten.
- Alle Gruppenmitglieder müssen einen Teil der Arbeit vorstellen.
- Das Ziel ist erreicht, wenn durch die Präsentation andere Schüler von den Ergebnissen überzeugt werden.

Projekt Wasseruntersuchungen*

1 *Untersuchung von Wasserproben*

Wasser spielt in unserem Leben eine besondere Rolle, sei es als Lösemittel, als Wärmespeicher oder als Lebensraum für Pflanzen und Tiere. Trinkwasser ist das wichtigste Lebensmittel des Menschen. Nicht immer ist es einfach, Wasser in guter Qualität zur Verfügung zu stellen. Daher ist die Kontrolle der Trinkwasserqualität immer wichtiger geworden. Damit ist gleichzeitig die Bedeutung der Trinkwasseranalytik gewachsen. So sind heute die Messung des pH-Werts und die Bestimmung zahlreicher Inhaltsstoffe feste Bestandteile der Routineuntersuchungen des Trinkwassers.

Arbeitsauftrag Wasserarten

1. Recherchiert Informationen zu folgenden Themen:
   - Wasserarten auf der Erde und ihre Verwendung
   - Gewässergüteklassen
2. Stellt eure Ergebnisse in Form eines Kurzreferates vor.

Arbeitsauftrag Trinkwasser

1. Recherchiert Informationen zu folgenden Themen:
   - Möglichkeiten für die Gewinnung von Trinkwasser; Trinkwasserversorgung der Schule
   - Verwendung von Trinkwasser im privaten Haushalt
   - Vergleich mit dem Trinkwasserverbrauch in Entwicklungsländern
   - Grenzwerte für Inhaltsstoffe im Trinkwasser
   - Vor- und Nachteile von Regenwasseranlagen
   - Plant eine Exkursion in ein Wasserwerk. Lasst euch den Aufbereitungsprozess erklären.
2. Stellt eure Ergebnisse in Form eines Kurzreferates vor.

Arbeitsauftrag Oberflächenwasser

1. Recherchiert Informationen zu folgenden Themen und Fragen:
   - Bäche, Flüsse oder Seen in der Nähe eurer Schule; erkundet die Randbebauung und Nutzung dieser Gewässer und deren Umgebung.
   - Abwasseraufbereitungsanlagen im Ort; Arbeitsprinzip der Anlagen
   - Die gemeinsame Nutzung von Gewässern trägt zur Völkerverständigung bei. Erläutert das am Beispiel der Ostsee.
   - Bedeutung des Sauerstoffgehalts und des BSB_5-Werts für ein Gewässer.
2. Stellt eure Ergebnisse in Form eines Kurzreferates vor.

Arbeitsauftrag Wasseranalyse

1. Stellt in einer Übersicht zusammen, wie man den pH-Wert, den Sauerstoffgehalt, die elektrische Leitfähigkeit, den BSB_5-Wert und die im Lehrbuch angegebenen Säurerest-Ionen bestimmt.
2. Besprecht mit der Lehrerin oder dem Lehrer, welche Experimente durchgeführt werden können.
3. Recherchiert, wie man am besten Wasserproben aus einem Gewässer entnehmen kann. Präpariert einige Flaschen für die Wasserentnahme und entnehmt an geeigneten Stellen Proben. Überlegt, welche Untersuchungen vor Ort durchgeführt werden müssen.
4. Entnehmt Wasserproben an unterschiedlichen Stellen des Gewässers. Führt mit allen Proben die vereinbarten Versuche durch.
5. Führt zum Vergleich die entsprechenden Versuche mit Trinkwasser durch.
6. Tragt die Ergebnisse für die unterschiedlichen Standorte zusammen und stellt sie mithilfe einer Gewässerkarte dar.

Projekt Cola – ein koffeinhaltiges Erfrischungsgetränk

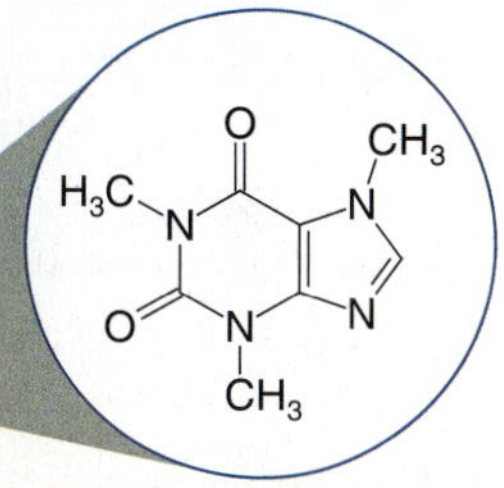

Die Sammelfrucht enthält bis zu 16 Kolanüsse, deren Koffeingehalt bei etwa 3,5 % liegt.

1 *Vom Kolabaum zum Koffein*

Seit mehr als einhundert Jahren erfreuen sich Cola-Getränke ungebrochener Beliebtheit. Als Erfinder gilt der amerikanische Pharmazeut John Styth PEMBERTON. Er entwickelte in den 1860er Jahren eine Rezeptur für einen Sirup aus koffeinhaltigen Kolanüssen und Blättern des Kokastrauches. Der Sirup wurde mit zuckerhaltigem Sodawasser verdünnt und so als Mittel gegen Abgeschlagenheit, Müdigkeit und Völlegefühl verkauft. Etwa 20 Jahre später wurden die kokainhaltigen Kokablätter von der Zutatenliste gestrichen.

Arbeitsauftrag Geschichte der Cola-Getränke

1. Recherchiert die Geschichte und Entwicklung von Cola-Getränken.
2. Erstellt ein Poster, auf dem eure Ergebnisse chronologisch angeordnet sind. Stellt das Poster in einem Kurzreferat vor.

Arbeitsauftrag Inhaltstoffe der Cola

1. Erstellt eine Tabelle mit den Inhaltsstoffen verschiedener Cola-Sorten. Orientiert euch an den Angaben auf dem Etikett. Ordnet die Stoffe mengenmäßig. Vorschlag für den Tabellenkopf: Cola-Getränk, Inhaltsstoff, Eigenschaften und Wirkungen.
   Hinweis: Besorgt euch eine Liste der E-Nummern, um so die verschlüsselten Angaben auf den Etiketten lesen zu können.
2. Erstellt ein Poster, auf dem eure Ergebnisse übersichtlich dargestellt sind. Stellt das Poster in einem Kurzreferat vor.

Arbeitsauftrag Eigenschaften und Inhaltsstoffe von Cola-Getränken

Erstellt für folgende Experimente einen Arbeitsplan. Sprecht sie mit dem Lehrer vor der Durchführung ab.

1. Der Zuckergehalt eines Cola-Getränkes soll durch den Vergleich mit der Dichte von Zuckerlösungen verschiedener Konzentrationen bestimmt werden.
2. Plant weitere Versuche zu den Eigenschaften und den Inhaltsstoffen von Cola-Getränken. Ihr könnt beispielsweise die elektrische Leitfähigkeit bestimmen, den pH-Wert messen oder versuchen, die Phosphat-Ionen nachzuweisen.
3. Untersucht chromatografisch, ob es sich bei den Farbstoffen von Cola-Getränken um ein Stoffgemisch oder um einen Reinstoff handelt.
4. Stellt eure experimentellen Ergebnisse in Form eines Kurzreferates vor.

Arbeitsauftrag Alternative Erfrischungsgetränke

1. Informiert euch über alternative Erfrischungsgetränke. Empfehlt Getränke unter gesundheitlichen und ernährungsphysiologischen Gesichtspunkten als Alternativen zu Cola-Getränken.
2. Erstellt ein Poster, auf dem eure Ergebnisse übersichtlich dargestellt sind. Stellt das Poster in einem Kurzreferat vor.

Projekt Boden

1 *Entnahme einer Bodenprobe*

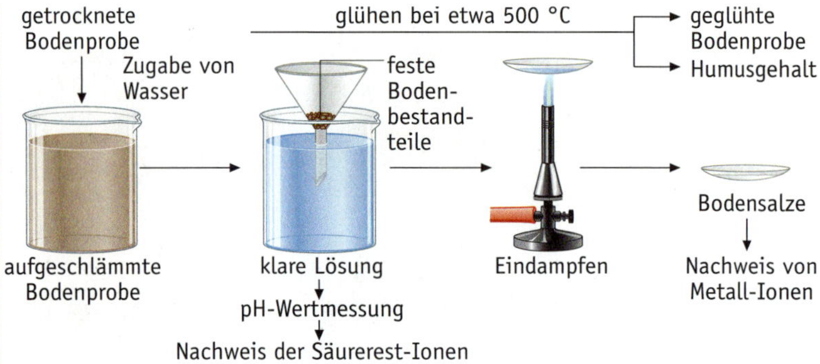

2 *Bodenuntersuchung*

Pflanzen brauchen für ihr Wachstum verschiedene Nährstoffe. Durch die intensive landwirtschaftliche Nutzung werden dem Boden ständig Mineralien entzogen und die Bedingungen für das Pflanzenwachstum verschlechtern sich zunehmend. Eine wichtige Aufgabe der Landwirtschaft ist es daher, die Fruchtbarkeit des Bodens zu erhalten oder zu verbessern. Voraussetzung hierfür ist eine genaue Kenntnis der Bodenbeschaffenheit und des Gehalts an verfügbaren Nährstoffen. Daraus kann der Fachmann Schlussfolgerungen für die erforderlichen Maßnahmen zur Düngung ziehen und konkrete Dosierungshinweise geben.

Arbeitsauftrag Bodenbeschaffenheit

1. Recherchiert Informationen zu folgenden Themen:
   - Bodenarten und Mutterboden; Unterscheidung von Kalkböden, Sandböden und Humusböden aus chemischer Sicht; Unterschiede der Bodenbeschaffenheit je nach Bodentiefe
   - wichtige anorganische und organische Bestandteile von Ackerboden und deren Bedeutung für die Landwirtschaft
   - Bedeutung des pH-Wertes für das Pflanzenwachstum; Ursache des unterschiedlichen pH-Wertes von Moorböden und Waldböden
   - Zeigerpflanzen; erstellt eine Tabelle, mit der man den pH-Wert des Bodens ähnlich wie mit der Farbtabelle des Universalindikators bestimmen kann.
2. Stellt eure Ergebnisse in Form eines Kurzreferates vor.

Arbeitsauftrag Bodenuntersuchung

1. Stellt eine Tabelle von Vorproben und von Nachweisreaktionen für Kationen und für Anionen zusammen. Gebt für jeden Nachweis die notwendigen Reagenzien, die Hinweise auf Gefahren und die Entsorgungsratschläge an. Auf welche Beobachtungen muss man bei den einzelnen Reaktionen achten?
2. Besprecht mit dem Lehrer, welche Experimente ihr durchführen wollt.
3. Informiert euch, wie man Bodenproben entnimmt. Beschafft Proben von Ackerboden oder Gartenboden und Blumenerde und trocknet sie.
4. Glüht eine Bodenprobe in einer Porzellanschale unter gelegentlichem Umrühren etwa 15 Minuten lang. Wiegt die Probe vor und nach dem Erhitzen. Berechnet daraus den Humusgehalt des Bodens.
5. Schlämmt eine Bodenprobe mit Wasser auf und lasst sie einen Tag lang ruhig stehen. Dekantiert dann die über dem Bodensatz stehende Flüssigkeit vorsichtig ab und dampft einen Teil davon langsam ein.
6. Führt die Experimente zur Bestimmung der Ionen durch und notiert eure Beobachtungen.
7. Stellt die Ergebnisse für die einzelnen Bodenproben übersichtlich zusammen und vergleicht sie untereinander.
8. Begründet mit den experimentellen Ergebnissen, welche Nutzpflanzen auf den einzelnen Böden besonders gut gedeihen.
9. Stellt eure Ergebnisse in Form eines Kurzreferates vor.

Dünger

Thomaskali®
PK-Dünger mit Spurennährstoff
8+15

8 %	P_2O_5	Phosphat
15 %	K_2O	Kaliumoxid
1,5 %	Fe	Gesamteisen

1 *Dünger für Nutz- und Ziergärten*

Balkonpflanzen-Langzeitdünger
NPK-Dünger
8+5+5

8 %	N	Gesamtstickstoff
5 %	P_2O_5	Phosphat
5 %	K_2O	Kaliumoxid

3 *Dünger für Balkonpflanzen*

Nach einem alten indianischen Brauch erntet man kräftige und gesunde Tomaten, wenn unter jeder Pflanze ein toter Fisch vergraben wird. Bei der Verwesung des Fisches gelangen Mineralstoffe in den Boden, die von der Pflanze als Nährstoffe genutzt werden können und so die Ernte verbessern. Heute verwendet man zur Verbesserung des Nährstoffangebots im Boden Düngemittel, die in vielen unterschiedlichen Zusammensetzungen erhältlich sind (Abb. 1, 3).

Arbeitsauftrag Dünger und Düngung

1. Sucht im Internet und in der Bücherei Informationen zu folgenden Themen:
   - Pflanzennährstoffe
   - Gesetz vom Wachstumsminimum
   - Zusammensetzung verschiedener Dünger
   - Funktion der einzelnen Bestandteile
   - Dosierung und Ausbringung von Düngemitteln
   - Stickstoffkreislauf
   - einfache Hausrezepte zur Düngerherstellung
   - historische Entwicklung der Stickstoffdünger
2. Stellt eure Ergebnisse in Form eines Kurzreferates vor.

Phosphat-Ionen lassen sich nachweisen, indem man die Probe mit Salpetersäure ansäuert und Ammoniummolybdat-Lösung hinzu gibt. Beim Erwärmen bildet sich ein gelber Niederschlag.

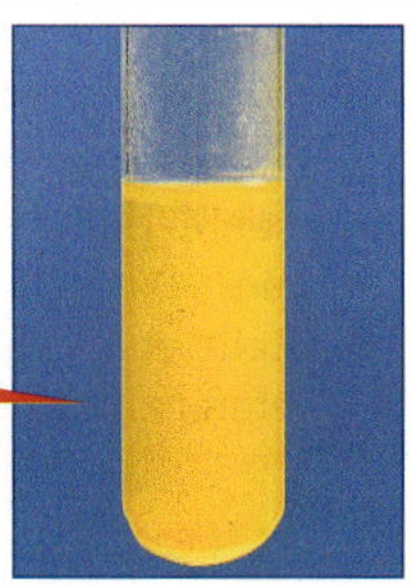

2 *Nachweis von Phosphat-Ionen*

Arbeitsauftrag Nachweis von Kationen in Volldünger und in Tannendünger

1. Stellt mithilfe des Buches eine Tabelle von Vorproben und Nachweisreaktionen für Kationen zusammen. Listet die notwendigen Reagenzien auf und gebt die Hinweise auf Gefahren sowie die Ratschläge für die Entsorgung an. Beschreibt die Beobachtungen, die ihr bei einem positiven Verlauf des jeweiligen Nachweises erwartet.
2. Besprecht mit dem Lehrer, welche Experimente ihr durchführen wollt.
3. Erstellt einen Arbeitsplan, führt die Experimente durch und notiert eure Beobachtungen.
4. Stellt eure Ergebnisse in Form eines Kurzreferates vor.

Arbeitsauftrag Nachweis von Anionen in Volldünger und in Tannendünger

1. Stellt mithilfe des Buches eine Tabelle von Vorproben und Nachweisreaktionen für Anionen zusammen. Listet die notwendigen Reagenzien auf und gebt die Hinweise auf Gefahren sowie die Ratschläge für die Entsorgung an. Bescheibt die Beobachtungen, die ihr bei einem positiven Verlauf des jeweiligen Nachweises erwartet.
2. Besprecht mit dem Lehrer, welche Experimente ihr durchführen wollt.
3. Erstellt einen Arbeitsplan, führt die Experimente durch und notiert eure Beobachtungen.
4. Stellt eure Ergebnisse in Form eines Kurzreferates vor.

Zahncreme

1 *Löwenapotheke in Dresden 1912*

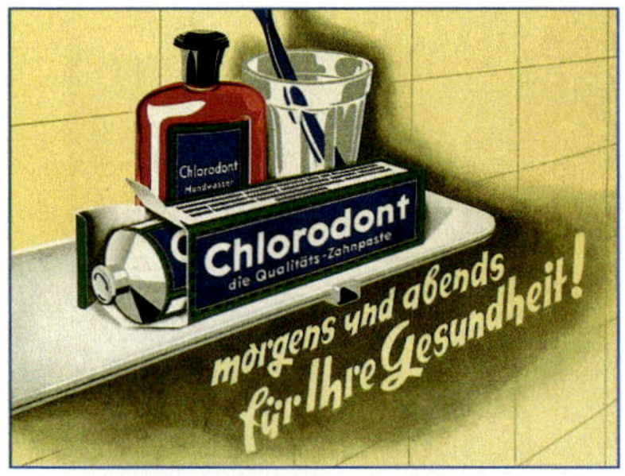

2 *Erste industrielle Zahncreme*

Seit Ende des 19. Jahrhunderts wurde mit dem zunehmenden Gesundheits- und Hygienebewusstsein auch eine regelmäßige Zahnpflege propagiert. Dazu entwickelte der Apotheker Ottomar HEINSIUS VON MAYENBURG im Jahre 1907 in einem kleinen Laboratorium auf dem Dachboden der Löwenapotheke am Dresdner Altmarkt (Abb. 1) eine Zahncreme, die unter dem Namen *Chlorodont* (Abb. 2) bekannt wurde. Als Grundmaterial diente Naturkalkstein, der auf chemischem Wege in ein feines Scheuermittel umgewandelt wurde und, ohne den Zahnschmelz anzugreifen, Zahnbeläge beseitigen konnte. Außerdem enthielt die Zahncreme ätherische Öle und Stoffe, die die Speichelproduktion anregen. 1911 wurde die inzwischen industriell gefertigte Chlorodont-Zahnpaste mit großem Erfolg auf der I. Internationalen Hygiene-Ausstellung in Dresden vorgestellt. In den 1920er Jahren entwickelten sich die aus dem kleinen Laboratorium hervorgegangenen Leo-Werke zum größten europäischen Hersteller von Zahncreme. Chlorodont ist inzwischen vom deutschen Markt verschwunden.

Arbeitsauftrag Geschichte der Zahnpflege

1. Sucht im Internet und in der Bücherei Informationen zu folgenden Themen:
   - Zahnpflege in früheren Zeiten
   - Geschichte der Zahnheilkunde
   - Verwendung des ersten Zahnersatzes
2. Stellt eure Ergebnisse in Form eines Kurzreferates vor.

Arbeitsauftrag Erhaltung der Zahngesundheit

1. Recherchiert Informationen zu folgenden Themen und Fragen:
   - Beschreibt, wann und wie man die Zähne am besten putzt, sodass sie gesund bleiben.
   - Begründet, ob jede Zahncreme für die Zähne und das Zahnfleisch gleich gut geeignet ist.
   - Erklärt die Bedeutung des Inhaltsstoffes Fluor. Gebt an, in welcher Form das Halogen Fluor in Zahncreme vorliegt.
   - Nennt weitere Utensilien, die man regelmäßig zur Zahnpflege benutzen soll.
2. Stellt eure Ergebnisse in Form eines Kurzreferates vor.

Arbeitsauftrag Untersuchung von Zahncreme

1. Beschafft euch Zahncreme verschiedener Hersteller. Vergleicht die angegebenen Inhaltsstoffe.
2. Recherchiert, welche Funktion die einzelnen Bestandteile für die Pflege der Zähne haben.
3. Stellt in einer Tabelle die Nachweise für negativ geladene Säurerest-Ionen und für positiv geladene Metall-Ionen zusammen. Gebt die jeweils notwendigen Reagenzien mit den Gefahrenhinweisen und den Empfehlungen für die Entsorgung an. Beschreibt die Beobachtungen, die ihr bei einem positivem Ergebnis erwartet.
4. Besprecht mit dem Lehrer, welche Experimente ihr durchführen wollt.
5. Erstellt einen Arbeitsplan, führt die Experimente durch und notiert eure Beobachtungen.
6. Stellt eure Ergebnisse in Form eines Kurzreferates vor.

Basiswissen

Den Stoffen analytisch auf der Spur

1. Analyse

Durch eine Analyse wird die Zusammensetzung eines Stoffgemisches oder einer Substanz ermittelt.

a) Qualitative Analyse: Bestimmung der Art des Stoffes oder der Bestandteile eines Stoffgemischs; dabei werden Elemente, Ionen oder funktionelle Gruppen identifiziert.

b) Quantitative Analyse: Bestimmung der Menge eines Stoffes in einer Probe; dabei werden Masse oder Volumen oder die Stoffmengenkonzentration ermittelt.

2. Qualitative Analyseverfahren

a) Flammenfärbung: Vorprobe zur Identifizierung von Metallen und Metall-Ionen; dabei wird die nichtleuchtende Flamme des Gasbrenners charakteristisch gefärbt.

Element	Flammenfärbung
Lithium	karminrot
Natrium	gelb
Kalium	violett
Calcium	ziegelrot
Strontium	karminrot
Barium	fahlgrün

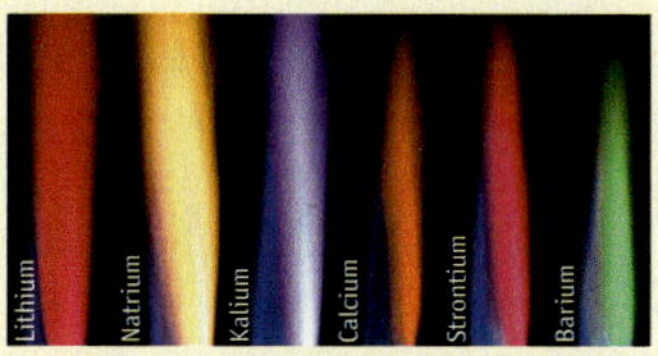

b) Fällungsreaktionen: Chemische Reaktionen, bei denen Ionen in einer Lösung als schwerlösliches Salz ausgefällt werden; dabei entsteht ein charakteristisch gefärbter Niederschlag, der zur Identifizierung dient.

Ion	Nachweismittel	Niederschlag
Cl^-	Silbernitratlösung	weiß
Br^-	Silbernitratlösung	hellgelb
I^-	Silbernitratlösung	gelb
SO_4^{2-}	Bariumchloridlösung	weiß
CO_3^{2-}	Bariumchloridlösung	weiß

Nachweis von Halogeniden. Nach dem Ansäuern mit verdünnter Salpetersäure wird die Halogenidlösung mit Silbernitratlösung versetzt. Die gefällten Silberhalogenide unterscheidet man anhand der Farbe und ihrer Löslichkeit.

Unterscheidung von Carbonaten und Sulfaten. Zur Unterscheidung der Niederschläge von Carbonaten und Sulfaten setzt man verdünnte Salzsäure zu: Carbonate sind in verdünnter Salzsäure unter Gasbildung löslich, Sulfate sind unlöslich.

c) Farbreaktionen

Ion	Nachweismittel	Farbe
H^+	Universalindikator	rot
	Bromthymolblau	gelb
OH^-	Universalindikator	blau
	Bromthymolblau	blau
	Phenolphthalein	rosarot
Cu^{2+}	Ammoniaklösung	blauviolett
Fe^{3+}	Kaliumthiocyanat	tiefrot

d) Nachweisreaktionen für organische Stoffe

funktionelle Gruppe	Nachweismittel	Beobachtung
Mehrfachbindung	Bromwasser	Entfärbung
Hydroxyl-Gruppe	niedere Alkansäuren	Bildung von Fruchtestern
Aldehyd-Gruppe	Fehling-Lösung	brauner bis ziegelroter Niederschlag
	ammoniakalische Silbernitratlösung	Schwarzfärbung der Lösung oder Silberspiegel
Carboxyl-Gruppe	Universalindikator	Rotfärbung
	unedles Metall	Bildung von Wasserstoff (Knallgasprobe)
	niedere Alkohole	Bildung von Fruchtestern

3. Quanitative Analyseverfahren

Die **Säure-Base-Titration** ist ein maßanalytisches Verfahren zur Bestimmung der Stoffmengenkonzentration. Dabei tropft man eine Maßlösung bekannter Konzentration zu einem bestimmten Volumen an Probelösung, bis ein Indikator umschlägt.

Berechnung der Stoffmengenkonzentration:
Am Umschlagspunkt (Äquivalenzpunkt) gilt:
$n\,(\text{Säure}) = n\,(\text{Base})$

$c\,(\text{Säure}) \cdot V\,(\text{Säure}) = c\,(\text{Base}) \cdot V\,(\text{Base})$

Den Stoffen analytisch auf der Spur

Teste dich

A1 Stelle in einer Tabelle alle dir bekannten Säure-Base-Indikatoren zusammen. Gib jeweils die Farbe im sauren, im neutralen und im basischen Bereich an.

A2 Halogenid-Ionen kann man über Fällungsreaktionen nachweisen.
a) Erläutere an einem Beispiel diese Reaktionsart.
b) Nenne Unterschiede in den Niederschlägen von Silberchlorid, Silberbromid und Silberiodid.
c) Bei diesem Nachweis muss die Analysenlösung vorher mit verdünnter Salpetersäure versetzt werden. Begründe.
d) Beschreibe eine Möglichkeit für den Nachweis von Silber-Ionen.

A3 Vier unbekannte Salze wurden untersucht. Benene die Salze und gib die Verhältnisformeln an.
Salz **A**: ziegelrote Flammenfärbung und positiver Phosphatnachweis;
Salz **B**: gelbe Flammenfärbung und hellgelber Niederschlag mit Silbernitratlösung;
Salz **C**: grüne Flammenfärbung und weißer Niederschlag mit Silbernitratlösung;
Salz **D**: weißer, in verdünnter Salzsäure unlöslicher Niederschlag mit Bariumchloridlösung und eine gelbe Farbe der Phosphorsalzperle in der Oxidationsflamme.

A4 Die folgenden Salze sollen durch einfache Nachweise unterschieden werden. Beschreibe die Nachweise und begründe die Unterscheidungsmöglichkeiten der Salze: Natriumchlorid, Kaliumchlorid, Magnesiumsulfat, Bariumsulfat und Magnesiumcarbonat.

A5 Hexan und Hexen werden mit Bromwasser versetzt. Erläutere die unterschiedlichen Reaktionen.

A6 Beschreibe Möglichkeiten für die experimentelle Unterscheidung folgender Stoffe:
a) Natriumsulfat, Natriumchlorid und Natriumhydroxid;
b) Ethanol, Ethanal und Ethansäure;
c) Glucose, Stärke und Eiweiß;
d) Schwefel, Magnesium und Stärke.

A7 Beschreibe die Durchführung einer Titration und begründe die Zuordnung zu der quantitativen Analyse.

Lösungen stehen im Anhang.

Die wichtigsten Begriffe

- Vorprobe
- Flammenfärbung
- Farbreaktion
- Fällungsreaktion
- Qualitative Analyse
- Quantitative Analyse
- Stoffmengenkonzentration
- Säure-Base-Titration
- Maßlösung

B1 a) Erkläre die wichtigsten Begriffe des Kastens.
b) Verknüpfe die Begriffe zu einer Conceptmap.
c) Übertrage die Begriffe und deine Erklärungen in digitale Karteikarten.

B2 In vier mit A, B, C und D gekennzeichneten Reagenzgläsern sind verdünnte Lösungen von Salzsäure, Essigsäure, Kaliumchlorid und Natriumhydroxid enthalten. Entwickle einen Untersuchungsplan, nach dem man experimentell herausfinden kann, in welchem Glas sich welcher Stoff befindet.

B3 Im Labor steht eine Flasche mit Hexen und eine weitere Flasche mit Hexin. Was nicht vorkommen darf, ist geschehen: Die Flaschen sind nicht beschriftet. Beschreibe eine experimentelle Unterscheidungsmöglichkeit.

B4 Methanol wird über glühendes Kupfer als Katalysator geleitet und das gasförmige Reaktionsprodukt in eine ammoniakalische Silbernitratlösung eingeleitet.
a) Skizziere eine mögliche Apparatur für die Versuchsdurchführung.
b) Nenne die zu erwartenden Beobachtungen.
c) Erläutere die Reaktion des Methanols.
d) Erkläre die Nachweisreaktion.

B5 a) Zur Neutralisation von 20 ml Salzsäure unbekannter Konzentration verbraucht man 27,2 ml Natronlauge mit der Konzentration 0,1 $\frac{mol}{l}$. Berechne die Konzentration der Salzsäure.
b) 25 ml Natronlauge werden mit Schwefelsäure (0,1 $\frac{mol}{l}$) titriert. Der Verbrauch beträgt 20 ml. Berechne die Konzentration der Natronlauge.
c) Eine Probe von 20 ml Calciumhydroxidlösung wird mit Salzsäure (0,1 $\frac{mol}{l}$) titriert. Dabei werden 5,3 ml Salzsäure verbraucht. Berechne die Konzentration der Calciumhydroxidlösung.

C1 Dolomit und Co – Untersuchung von Gesteinen

Bei seiner Reise in die „Bleichen Berge“, einem Teil der Südalpen, fand Deodat DE DOLOMIEU 1789 ein ihm nicht bekanntes, dem Kalk ähnliches, hellgraues Gestein. Er untersuchte die chemische Zusammensetzung des Gesteins auf folgende Weise:

Eine in einer Reibschale zerriebene Gesteinsprobe wurde mit Wasser versetzt. Es entstand eine weißgraue Suspension. Zu dieser Probe tropfte er Salzsäure. Es entwickelte sich ein farbloses Gas, das Kalkwasser trübte. Die verbliebene klare Lösung wurde eingedampft. Das auskristallisierte Salz zeigte eine ziegelrote Flammenfärbung. Durch weitere Untersuchungen fand er heraus, dass es sich bei dem Gestein um ein Mineral mit folgender Verhältnisformel handelt: $CaMg(CO_3)_2$. Dieses Mineral wurde DOLOMIEU zu Ehren später als Dolomit bezeichnet. Seit 1964 wird die Region in den Südalpen, in der das Mineral Dolomit hauptsächlich vorkommt, Dolomiten genannt.

a) Informiere dich im Atlas über das Gebiet der Dolomiten und liste die Länder auf, in denen sich das Gebirge erstreckt.
b) Deute die von DOLOMIEU durchgeführten Versuche und beschreibe, welche Stoffe er nachgewiesen hat und welche nicht.
c) Stelle für die Reaktionen des Minerals mit Salzsäure sowie für den Nachweis mit Kalkwasser die entsprechenden Reaktionsgleichungen auf.
d) Im Dolomitgestein können Lagerstätten für Steinsalz vorkommen. Der Hauptbestandteil von Steinsalz ist Natriumchlorid. Zusätzlich sind Spuren von Kaliumchlorid und Natriumiodid im Steinsalz enthalten. Plane Experimente, mit denen du diese drei Salze im Steinsalz nachweisen kannst. Gehe dabei von den Reinstoffen Natriumchlorid, Kaliumchlorid und Natriumiodid aus. Erstelle ein Fließschema über deine Vorgehensweise und beschreibe die Beobachtungen, die du erwartest.

C2 Kalkgehalt von Eierschalen

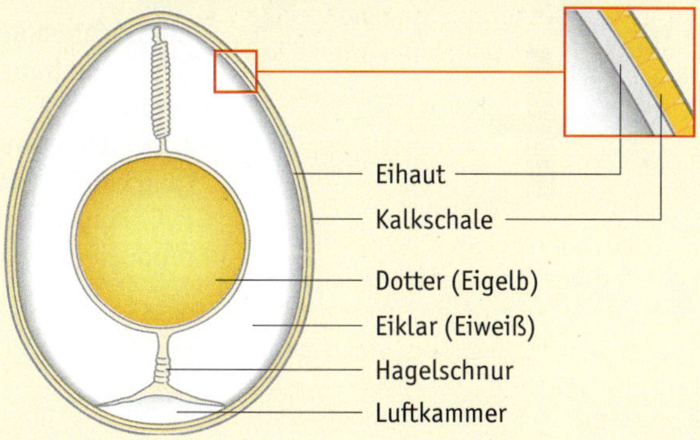

Bau eines Hühnereis

In einem Praktikum wurde der Kalkgehalt der Schale eines Hühnereis nach folgender Arbeitsanleitung ermittelt:

1. Zerreibe die Eierschale im Mörser zu einem feinen Pulver.
2. Wiege 1 g Eierschalenpulver ab und versetze es in einem Erlenmeyerkolben mit 50 ml Salzsäure der Konzentration 1 $\frac{mol}{l}$. Rühre mit dem Glasstab fünf Minuten um.
3. Baue die Titrationsapparatur auf und fülle die Bürette bis zur Eichmarke mit Natronlauge der Konzentration $c(NaOH) = 1 \frac{mol}{l}$.
4. Versetze die Eierschalenlösung mit einigen Tropfen Phenolphthalein.
5. Titriere bis zum Farbumschlag des Indikators zu Rosarot.
6. Lies den Verbrauch an Natronlauge ab und notiere den Wert.

Ergebnis der Titration: $V(NaOH) = 31$ ml

a) Formuliere die Reaktionsgleichung für die Reaktion von Kalk (Calciumcarbonat) mit Salzsäure.
b) Berechne die Stoffmenge an H^+-Ionen in den 50 ml Salzsäure.
c) Formuliere die Reaktionsgleichung für die Titration.
d) Berechne das Volumen und die Stoffmenge an Salzsäure, die mit dem Eierschalenkalk reagiert haben.
e) Berechne die Stoffmenge und die Masse an Kalk, die mit der Salzsäure reagiert hat.
f) Berechne den Massenanteil an Kalk in den Eierschalen.

Kapitel 4

Kunststoffe

Aus unserem Alltag sind Kunststoffe nicht mehr weg zu denken – in vielen Bereichen haben sie Holz, Metalle und andere Werkstoffe weitgehend verdrängt.
Kunststoffe sind *synthetisch* aus Erdöl oder *halbsynthetisch* durch Umwandlung von Naturstoffen hergestellte organische Werkstoffe. Ein Beispiel ist PVC (Polyvinylchlorid), das aus gasförmigem Chlorethen (Vinylchlorid) produziert wird.

Die meisten Radfahrer schützen sich vor schweren Kopfverletzungen mit Mikroschalenhelmen. Mountainbiker verwenden dagegen besonders stabile Hartschalenhelme. Die Kombination maßgeschneiderter Kunststoffe ermöglicht es, die hohen Anforderungen an einen guten Fahrradhelm zu erfüllen: Leicht soll er sein, und man soll unter ihm nicht schwitzen. Bei einem Sturz muss die äußere Schale die Energie des Aufpralls auf eine große Fläche verteilen. Für diesen Zweck sind Polycarbonate besonders geeignet. Innen muss der Helm jedoch weicher und federnd sein, um den Sturz zu dämpfen. Für diese Knautschzone wird oft der Hartschaumkunststoff Polystyrol verarbeitet.

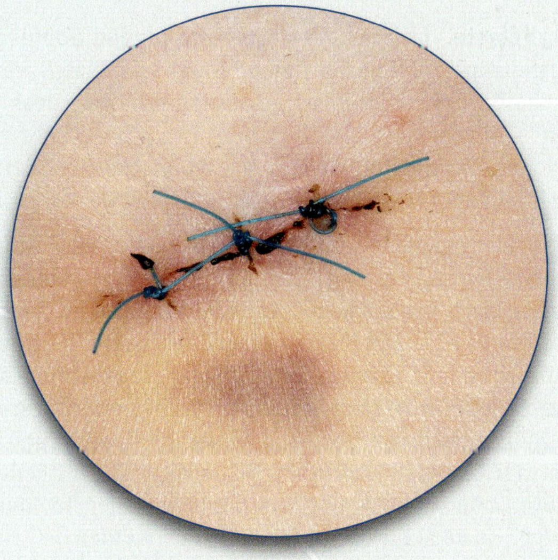

Nur einen winzigen Augenblick ist man abgelenkt und schon hat man sich verletzt: Eine Platzwunde muss versorgt werden. Modernes medizinisches Nahtmaterial ist die Voraussetzung dafür, dass die Nähte später kaum sichtbar sind. Solche Fäden werden aus Polyamid, Polyethylen oder Polyethylenterephthalat hergestellt. Sind innere Organe betroffen, verwendet man Fäden aus Polymilchsäure oder Polyglykolsäure, weil sie im Körper langsam abgebaut werden. Für die Lippen und andere besonders empfindliche Stellen gibt es medizinische Klebstoffe, die die Wunde schließen und vor Entzündungen schützen.

Trabant, so hieß der PKW, der in der DDR im Automobilwerk Zwickau – später VEB Sachsenring Automobilwerke Zwickau von 1958–1991 gebaut wurde. Scherzhaft wurde er „Rennpappe" oder „Plastikbomber" genannt, denn seine technische Besonderheit war die Kunststoff-Außenhaut aus Duroplast. Die Karosserieteile wurden aus Baumwolle und Kunstharz hergestellt, indem man beide Bestandteile in mehreren Lagen übereinanderschichtete und anschließend in einer Heißpresse bei 180 °C in die gewünschte Form brachte. So gelang es, dass das Gewicht des Trabant mit dieser Kunststoffkarosse nur 600 kg betrug.

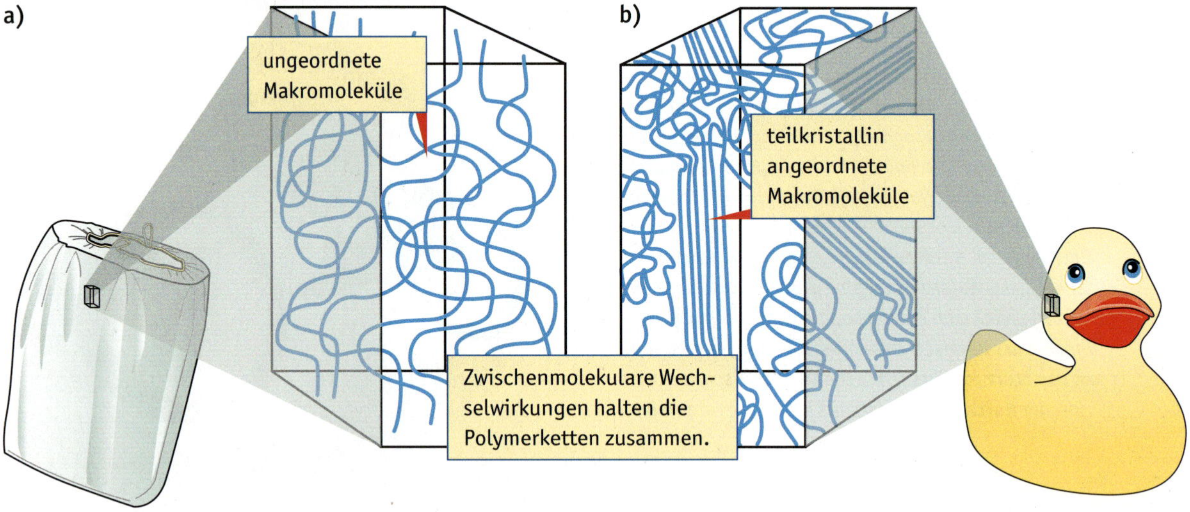

1 *Struktur von Thermoplasten: ungeordnetes Polymer (a) und teilkristallines Polymer (b)*

Kunststoffe sind synthetisch hergestellte organische Werkstoffe, die nach einem gemeinsamen Prinzip aufgebaut sind: Viele kleine Moleküle reagieren miteinander und bilden Riesenmoleküle, die man auch als **Makromoleküle** bezeichnet (griech. *makros:* groß). Wissenschaftlich spricht man von **Monomeren,** die dann zu **Polymeren** reagieren (griech. *monos:* eins; *meros:* Teil; *poly:* vielfach). Nach ihrem Verhalten beim Erhitzen und bei mechanischer Belastung unterscheidet man *Thermoplaste, Duroplaste* und *Elastomere.*

Thermoplaste. Schüsseln aus Polyethylen werden beim Erhitzen über 100 °C weich und plastisch verformbar. Kunststoffe mit dieser Eigenschaft bezeichnet man deshalb als *Thermoplaste.* Auch Polyvinylchlorid (PVC) und Polystyrol gehören zu den Thermoplasten.

Die Verformbarkeit thermoplastischer Kunststoffe hängt mit ihrer Struktur zusammen: Thermoplaste bestehen aus langkettigen oder schwach verzweigten Makromolekülen. Zwischen den Molekülen liegen Van-der-Waals-Kräfte vor. Beim Erwärmen werden diese Anziehungskräfte überwunden und die Molekülketten können aneinander vorbeigleiten. Thermoplaste, die bei Raumtemperatur *weich* sind, bestehen überwiegend aus ungeordneten, verknäuelten Makromolekülen (Abb. 1a). Manche Thermoplaste sind bei Raumtemperatur dagegen *hart.* Bei ihnen sind die Makromoleküle in bestimmten Bereichen parallel angeordnet. Man spricht von einem teilkristallinen Zustand. Je mehr kristalline Bereiche vorhanden sind, desto härter ist der Thermoplast (Abb. 1b). Aus thermoplastischen Kunststoffen werden beispielsweise Flaschen, Folien, Zahnbürsten und Synthesefasern produziert.

Duroplaste. Lichtschalter, Steckdosen und Topfgriffe dürfen sich nicht verformen oder gar schmelzen, wenn sie heiß werden. Für ihre Herstellung setzt man deshalb harte, hitzebeständige Polymere ein. Kunststoffe mit solchen Werkstoffeigenschaften nennt man *Duroplaste.* Zu ihnen gehören Melaminharze und Polyesterharze.

Die Makromoleküle eines Duroplasten sind über Atombindungen engmaschig miteinander verknüpft (Abb. 2a). Ein duroplastischer Gegenstand könnte also im Prinzip aus einem einzigen Makromolekül bestehen. Die Struktur wird beim Erhitzen nicht verändert; Gegenstände aus Duroplasten müssen daher schon bei der Herstellung die gewünschte Form erhalten. Eine spätere Bearbeitung ist nur noch mechanisch durch Schneiden, Sägen, Feilen, Fräsen oder Bohren möglich. Bei sehr hohen Temperaturen – je nach Duroplast über 350 °C – werden C–C-Bindungen des Netzwerkes gespalten und der Kunststoff zersetzt sich.

Elastomere. Reifen und Sitzpolster sollen elastisch, aber doch fest sein. Sie werden aus *Elastomeren* hergestellt. Diese Kunststoffe geben äußerem Druck oder Zug nach, nehmen aber anschließend wieder ihre ursprüngliche Form ein. Die Struktur von Elastomeren ähnelt der von Duroplasten. Elastomere sind jedoch viel weitmaschiger vernetzt (Abb. 2b). Durch Zug werden die Molekülketten in die Länge gezogen, halten aber an den Vernetzungspunkten zusammen. Äußerer Druck staucht das Netzwerk. Da die Bindungen erhalten bleiben, wird die Struktur nur vorübergehend verzerrt. Ist der Zug jedoch zu stark oder die Temperatur zu hoch, wird die Struktur zerstört. So zerreißt ein Gummiring, wenn man ihn zu sehr spannt, und bei einer Notbremsung qualmen die Reifen.

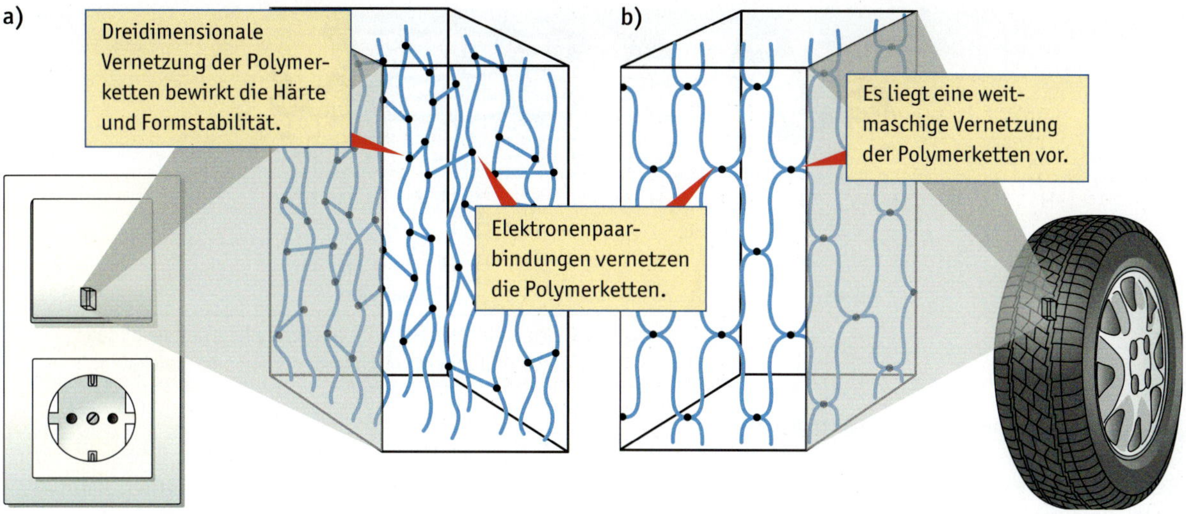

2 *Struktur eines Duroplasten (a) und eines Elastomers (b)*

Verarbeitung von Thermoplasten. Die chemische Industrie liefert Thermoplaste meist als Granulat oder Pulver. In der kunststoffverarbeitenden Industrie wird das Material dann durch Spritzgießen, Blasformen oder Schmelzspinnen weiterverarbeitet.

Beim *Spritzgießen* wird das Kunststoffgranulat in einem Extruder erhitzt. Ein Extruder ist eine Vorrichtung, inder das Granulat geschmolzen und als zähflüssige Masse in eine Spritzgussform gepresst wird. Nach dem Abkühlen öffnet sich die Form und das fertige Produkt wird ausgeworfen (Abb. 3). Auf diese Weise lassen sich auch kompliziert geformte Gegenstände preisgünstig herstellen. Beim *Blasformverfahren* liefert der Extruder mithilfe einer ringförmigen Düse einen zähflüssigen Kunststoffschlauch. In einer zweiteiligen Hohlform wird der Schlauch mit Druckluft aufgeblasen und an die gekühlte Innenwand der Form gedrückt. Wenn sich die Form öffnet, fällt eine Flasche oder ein Tank als fertiges Produkt heraus. Zur Herstellung von *Folien* wird der Kunststoffschlauch in einem großen Hohlzylinder aufgeblasen. Man erhält so einen dünnwandigen Schlauch, der dann seitlich aufgeschnitten wird.

Fasern werden durch *Schmelzspinnen* hergestellt: Der zähflüssige Thermoplast wird aus dem Extruder durch feine Spinndüsen zu Fäden gepresst.

Thermoplaste, Duroplaste und Elastomere unterscheiden sich aufgrund ihrer Struktur in ihrem Verhalten beim Erhitzen und bei mechanischer Belastung. Thermoplaste erweichen im Gegensatz zu Duroplasten und Elastomeren beim Erwärmen und können so im zähflüssigen Zustand einfach geformt werden.

1 Bringe Gegenstände aus Kunststoff mit und stelle sie im Unterricht als Beispiele für Thermoplaste, Duroplaste und Elastomere vor. Begründe die Zuordnung.

2 a) Zeichne jeweils schematisch einen Ausschnitt aus der Molekülstruktur folgender Kunststoffe: Thermoplast (ungeordnete Polymere), Thermoplast (teilkristallin), Duroplast und Elastomer.
b) Erläutere die Eigenschaften der Kunststoffe aufgrund ihrer Strukturen und erkläre das Verhalten der Kunststoffe beim Erwärmen und bei mechanischer Belastung.
c) Nenne Beispiele für die Verwendung der einzelnen Kunststoffe und begründe die Anwendungen.

3 Erläutere, warum sich Elastomere und Duroplaste nicht im Spritzgussverfahren verarbeiten lassen.

4 Beschreibe die Herstellung einer Plastikschale im Spritzgussverfahren (Abb. 3).

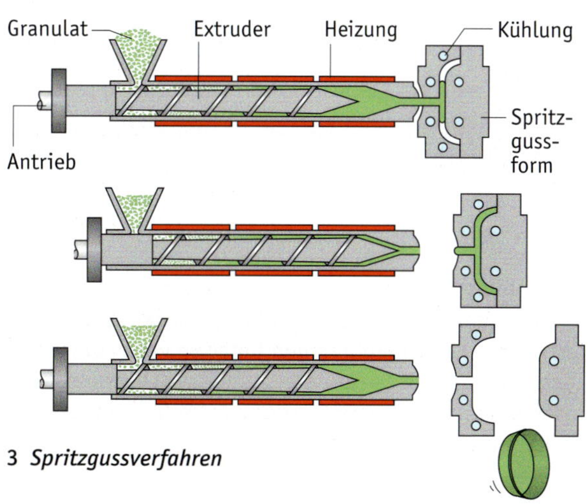

3 *Spritzgussverfahren*

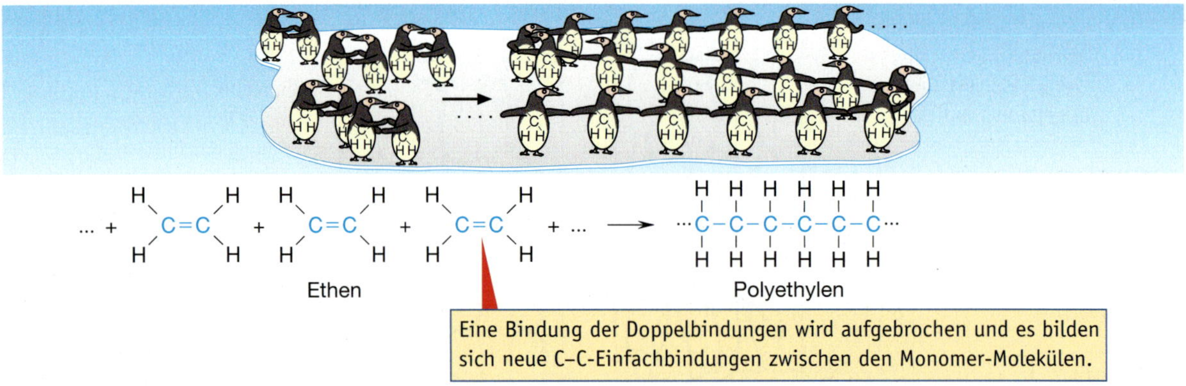

1 *Polymerisation von Ethylen zu Polyethylen*

Bei der Synthese von Kunststoffen reagieren viele kleine Moleküle durch **Polyreaktionen** zu Makromolekülen. Die beiden wichtigsten Polyreaktionen sind die *Polymerisation* und die *Polykondensation*.

Polymerisation. Der Kunststoff *Polyethylen* bildet sich aus Ethen ($CH_2{=}CH_2$). Unter dem Einfluss von Licht, Wärme oder eines Katalysators spaltet sich eine Bindung der C=C-Doppelbindung auf und die Einzelmoleküle verbinden sich zu langen Ketten (Abb. 1). Da viele Monomere zu einem Molekül zusammentreten, spricht man von *Polymerisation*. Sie ist ein Sonderfall der Addition. Das Reaktionsprodukt bezeichnet man als *Polymerisat*.

Eine Polymerisation formuliert man wie in Abb. 1 oder als eine zusammengefasste Reaktionsgleichung, in der der Faktor n die Anzahl der Monomeren angibt. Die Reaktionsgleichung für die Bildung von Polyethylen lautet dann:

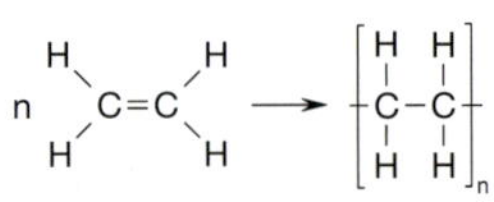

Vereinfacht schreibt man auch:

$$n\ CH_2{=}CH_2 \longrightarrow [CH_2{-}CH_2]_n$$

Entsprechend der Polymerisation von Ethen bildet sich durch Polymerisation von Propen-Molekülen der Kunststoff *Polypropylen*:

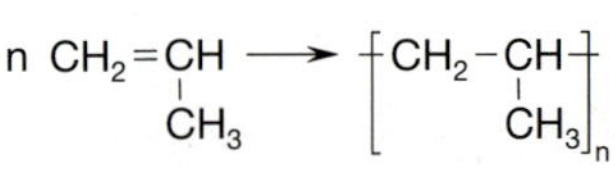

Viele Kunststoffteile im Haushalt, in der Industrie bestehen aus Polyethylenen oder Polypropylen. Sie werden zu Folien, Fasern, Röhren und Gefäßen verschiedenster Form verarbeitet. Diese Gegenstände sind beständig gegen Säuren und Laugen. Sie sind auch für den Kontakt mit Lebensmitteln geeignet.

Den Kunststoff *Polyvinylchlorid* (PVC) erhält man durch Polymerisation von Vinylchlorid (Monochlorethen, $CH_2{=}CHCl$). PVC ist ein vielseitig verwendbarer Werkstoff. Er wird unter anderem zu Folien, Bodenbelägen, Abwasserrohren und Kunststofffenstern verarbeitet. PVC ist jedoch in die Umweltdiskussion geraten: Bei PVC-Bränden wird Chlorwasserstoff freigesetzt. Auch befürchtet man die Bildung von giftigen Dioxinen. Probleme bestehen auch bei Entsorgung oder Recycling der anfallenden Altmaterialien.

Werden unterschiedliche Monomere gemeinsam polymerisiert, erhält man **Copolymere.** Indem man die Art und die Anteile der Monomere variiert, können die Eigenschaften des Copolymerisats gezielt beeinflusst werden.

Monomer	Strukturformel	Polymer
Ethen	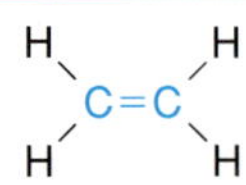	Polyethylen
Propen	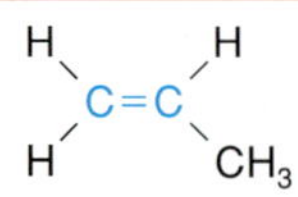	Polypropylen
Vinylchlorid	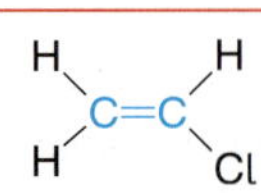	Polyvinylchlorid
Styrol	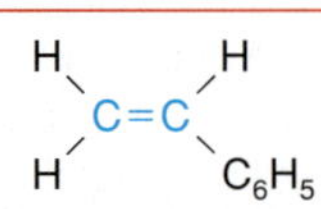	Polystyrol
Tetrafluorethen	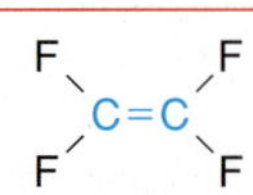	Polytetrafluorethen

2 *Polymerisate*

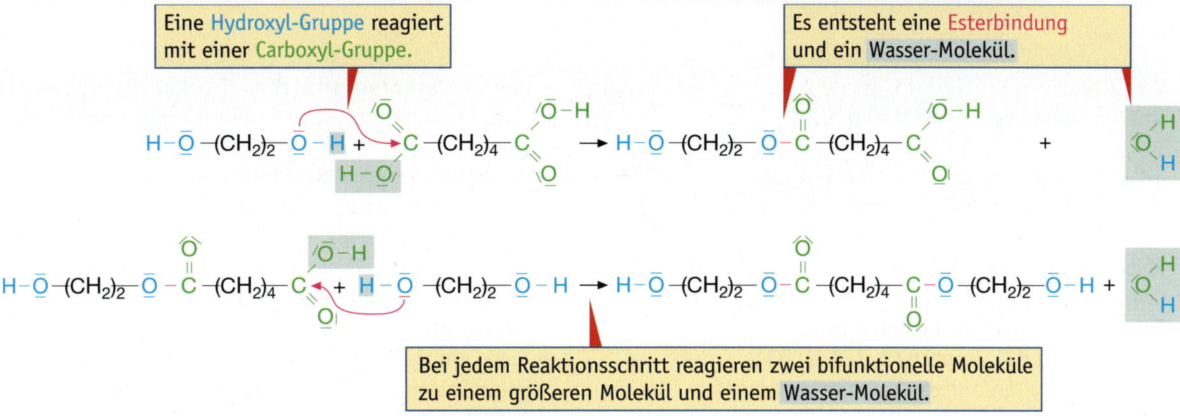

3 *Polykondensation von Ethan-1,2-diol mit Hexandisäure*

Polykondensation. Die wichtigsten durch Polykondensation produzierten Kunststoffe sind *Polyester* und *Polyamide*.

Polyester entstehen durch die Polyreaktion von *Diolen* mit *Dicarbonsäuren*. Diole haben zwei OH-Gruppen, Dicarbonsäuren haben zwei COOH-Gruppen. Man sagt, die Moleküle sind bifunktionell (lat. *bis:* zweimal). Bei der Reaktion verbinden sich je eine Hydroxyl-Gruppe und eine Carboxyl-Gruppe durch eine Kondensationsreaktion miteinander. Gleichzeitig wird ein Wasser-Molekül abgespalten. Zwei Monomere kondensieren also zu einem Dimer (griech. *di:* zwei). Weil dimere Moleküle an einem Ende eine freie OH-Gruppe und am anderen Ende eine freie COOH-Gruppe haben, kann sich die Kondensationsreaktion mit einem anderen Molekül wiederholen (Abb. 3). Unabhängig von ihrer Kettenlänge haben die gebildeten Moleküle *immer* zwei funktionelle Gruppen. Sie können daher weiter reagieren und schließlich Makromoleküle bilden. Die zusammengefasste Reaktionsgleichung lautet:

$$n\,HO\text{-}(CH_2)_2\text{-}OH + n\,HOOC\text{-}(CH_2)_4\text{-}COOH \longrightarrow \left[\text{-}\overline{O}\text{-}(CH_2)_2\text{-}\overline{O}\text{-}\overset{\overset{|O|}{\|}}{C}\text{-}(CH_2)_4\text{-}\overset{\overset{|O|}{\|}}{C}\text{-}\right]_n + 2\,n\,H_2O$$

Ausgehend von bifunktionellen Monomeren erhält man langkettige Polyester mit thermoplastischen Eigenschaften. Ein technisch wichtiges Beispiel ist die Polykondensation von Ethan-1,2-diol mit Terephthalsäure zu *Polyethylenterephthalat*. Unter der Kurzbezeichnung *PET* wird dieser Polyester zu Getränkeflaschen, Folien und Textilfasern verarbeitet. Trifunktionelle Monomere reagieren zu vernetzten, duroplastischen Kunststoffen.

Bei einer Polymerisation reagieren Alkene aufgrund ihrer C=C-Doppelbindung zu kettenförmigen Polymerisaten. Bei einer Polykondensation reagieren Monomere mit zwei oder mehr funktionellen Gruppen unter Abspaltung von Wasser-Molekülen zu Polykondensaten.

1 Vergleiche an zwei selbst gewählten Beispielen Polymerisation und Polykondensation. Formuliere Reaktionsgleichungen mit Strukturformeln.

2 Werte die comicartige Darstellung der Polymerisation in Abb. 1.

3 Zeichne einen Ausschnitt aus einem Polystyrol-Molekül.

4 a) Formuliere die Reaktionsgleichung für die Polykondensation von Propandisäure und Ethan-1,2-diol.
b) Zeichne einen Molekülausschnitt des Polymers.

5 Mit *Diaminen* reagieren Dicarbonsäuren durch Polykondensation zu *Polyamiden*. Formuliere die zusammengefasste Reaktionsgleichung der Polykondensation.

6 Milchsäure (2-Hydroxypropansäure) kann aufgrund seiner OH-Gruppe und seiner COOH-Gruppe zu einem thermoplastischen Polyester reagieren. Zeichne einen Molekülausschnitt des Makromoleküls, der aus drei Monomereinheiten besteht.

7 Recherchiere weitere Anwendungen für die in den beiden Tabellen aufgeführten Kunststoffe.

Monomer	Strukturformel	Polymer
1,6-Diaminohexan Hexandisäure	$H_2N\text{-}(CH_2)_6\text{-}NH_2$ $HOOC\text{-}(CH_2)_6\text{-}COOH$	Polyamid, Nylon®
Ethan-1,2-diol Terephthalsäure	$HO\text{–}CH_2\text{–}CH_2\text{–}OH$ 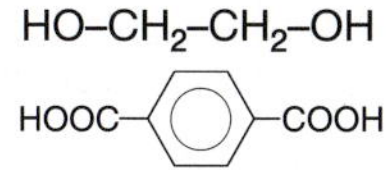	Polyethylenterephthalat, PET

4 *Polykondensate*

Praktikum Kunststoffe

Versuch 1:
Bestimmung von Kunststoffen

Materialien: Heizplatte, Stahlblech (10 · 10 cm), Gasbrenner, Messzylinder (100 ml), Waage, Stopfen, Tiegelzange, Temperaturfühler, Föhn; Aceton (**2**, **7**; **B3**), Heptan (**2**, **7**, **8**, **9**; **B3**), Kunststoffproben, Universalindikatorpapier.

Durchführung:

1. Prüfe Streifen von Kunststoff durch mehrmaliges Knicken auf ihr Bruchverhalten.
2. Bestimme die Dichte der Kunststoffe.
3. Gib abgewogene Streifen verschiedener Kunststoffe in Reagenzgläser mit Aceton und mit Heptan. Verschließe die Reagenzgläser und lasse sie mehrere Stunden stehen. Trockne die Proben anschließend im Abzug und bestimme erneut ihre Masse.
4. Erhitze im Abzug Kunststoffproben im Reagenzglas. Halte ein angefeuchtetes Stück Universalindikatorpapier in die entweichenden Dämpfe.
5. Halte im Abzug kleine Kunststoffproben mit der Tiegelzange in die Flamme. Beobachte das Brennverhalten, auch außerhalb der Flamme.
6. Lege ein Stahlblech mit Kunststoffproben auf eine Heizplatte. Erwärme es langsam und bestimme mit dem Temperaturfühler die Temperaturbereiche, bei denen die einzelnen Proben schmelzen.

Aufgaben:

a) Notiere deine Beobachtungen.
b) Identifiziere die Proben anhand der Tabelle.
c) Gib die Kunststoffe an, die sich durch ihr Schwimmverhalten von anderen unterscheiden lassen.

Kunststoff	Bruchverhalten	Dichte in g/cm^3	Löslichkeit in		Verhalten bei trockenem Erhitzen *Reaktion der Dämpfe*	Verhalten in der Flamme *Geruch der Verbrennungsprodukte*	Schmelzbereich in °C
			Aceton	Heptan			
Polyethylen	b	0,91–0,96	u/q	u/q	wird klar, schmilzt, zersetzt sich *neutral*	gelbe Flamme, tropft brennend ab *geruchlos*	105–120
Polypropylen	h	0,91	u	u/q			
Polyethylenterephthalat (PET)	b	1,4	u	u	schmilzt, verkohlt *schwach sauer*	schwer entflammbar, orange-gelbe Flamme, tropft, rußt *harzig-aromatisch*	240–260
PVC (hart)	h	1,4	u/q	u	schmilzt, verkohlt *sauer*	schwer entflammbar, gelbe Flamme mit grünem Saum, rußt *stechend, brenzlig*	75–110
PVC (weich)	b	1,2–1,3	q	u			
Polystyrol	h	1,05	l	q/l	schmilzt, verdampft *neutral*	brennt stark rußend *süßlich*	80–100
Polymethylmethacrylat	h	1,2	l	u	schmilzt, verdampft *neutral*	brennt knisternd, tropft ab, leuchtende Flamme, rußt *fruchtartig*	85–105
Polycarbonat	h	1,2–1,4	q	u	schmilzt, verkohlt *sauer*	leuchtende Flamme, rußt, verkohlt, brennt nicht weiter *phenolartig*	220–230
Polyamid	b/h	1,1	u	u	schmilzt, verkohlt *alkalisch*	bläuliche Flamme, tropft fadenziehend ab *hornartig*	185–255

1 ***Bestimmungstabelle für einige Kunststoffe** (b = biegsam, h = hart, l = löslich, u = unlöslich, q = quellbar)*

Versuch 2:
Synthese eines Polyesters

Materialien: Becherglas (50 ml), Thermometer, Waage, Tropfpipette, Gasbrenner, Glasstab; Citronensäure (7), Ethylenglycol.

Durchführung:
1. Fülle in das Becherglas 6 g Citronensäure und 1 ml Ethylenglycol und verrühre die beiden Stoffe mit dem Glasstab.
2. Spanne das Becherglas am Stativ ein und stelle das Thermometer hinein. Befestige das Thermometer ebenfalls am Stativ.
3. Erhitze das Gemisch langsam bis zum Sieden.
4. Halte die Temperatur 6 min lang bei 160 °C.
5. Wenn sich das Produkt etwas abgekühlt hat, kannst du mit dem Glasstab Fäden ziehen.

Aufgaben:
a) Notiere deine Beobachtungen.
b) Beschreibe die Eigenschaften des Kunststoffs.
c) Recherchiere die Struktur der Ausgangsstoffe und formuliere einen Ausschnitt aus der Strukturformel des Produkts.
d) Erläutere, welcher Kunststofftyp entstanden ist und welche Polyreaktion abgelaufen ist.

Versuch 3:
Synthese von Polymilchsäure

Materialien: Becherglas (100 ml), Tropfpipette, Glasstab, Heizplatte, Thermometer, Trockenschrank, Petrischale;
Milchsäure (90 %; 5).

Durchführung:
1. Stelle das Becherglas mit etwa 10 ml Milchsäurelösung einen Tag lang bei 200 °C in den Trockenschrank.
2. Gieße die Hälfte des Produkts in die Petrischale.
3. Lasse den Rest etwas abkühlen und ziehe mit dem Glasstab Fäden.

Aufgaben:
a) Notiere deine Beobachtungen.
b) Erkläre die Veränderung im Verlauf der Reaktion.
c) Nenne die Reaktionsart an und stelle die Reaktionsgleichung auf.

Versuch 4:
Synthese eines Polymerisats

Materialien: Tropfpipetten, Gasbrenner, Glasstab; Butandiolmonoacrylat (7), Cumolhydroperoxid (80% in Cumol, 2, 5, 6, 8, 9).

Durchführung:
1. Gib 2 ml Butandiolmonoacrylat und drei Tropfen Cumolhydroperoxid in ein Reagenzglas. Erhitze die Probe kurz über der kleinen Brennerflamme.
2. Ziehe mit dem Glasstab Fäden.

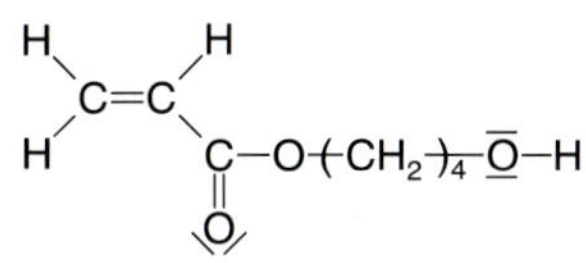

Butandiolmonoacrylat

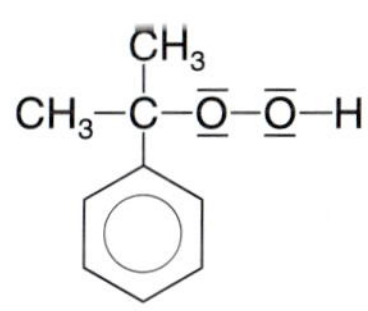

Cumolhydroperoxid

Aufgaben:
a) Notiere deine Beobachtungen.
b) Nenne den entstandenen Kunststofftyp und die abgelaufene Polyreaktion.
c) Recherchiere die Funktion von Cumolhydroperoxid.
d) Formuliere die Reaktionsgleichung (vereinfachte Strukturformel: CH_2=CHR).

4.3 Biokunststoffe und Recycling

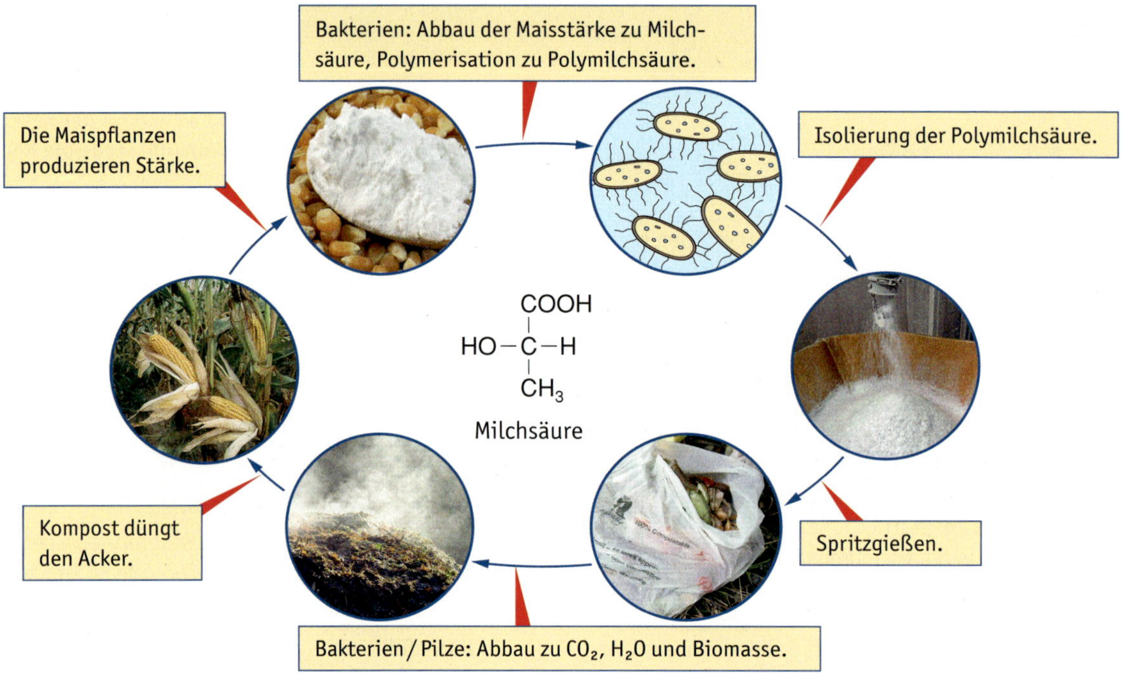

1 *Biokunststoff: Im Idealfall ein Kreislauf*

Wir leben in einer Kunststoffwelt! Ob im Haushalt oder im Wohnungsbau, im Sport oder im Auto, ob in der Mode oder in der Medizin: Ohne Kunststoff ist unsere moderne Welt nicht vorstellbar. Kunststoffe sind vielseitig einsetzbar, haben hervorragende Werkstoffeigenschaften und sind vor allem langlebig. Und ständig werden neue Spezialkunststoffe entwickelt und eröffnen neue technische Möglichkeiten.

Jährlich werden weltweit 250 Millionen Tonnen Kunststoffe produziert – mit steigender Tendenz. Inzwischen machen uns die riesigen Mengen an Kunststoffen aber zunehmend Probleme: Etwa die Hälfte entfällt auf Verpackungen und Wegwerfartikel. Darüber hinaus werden Kunststoffe überwiegend aus fossilen Energieträgern hergestellt, die allmählich verknappen. Mit gesetzlichen Regelungen wird versucht, die Produktion und den Konsum von Kunststoffen zu beeinflussen. Ein unnötiger Verbrauch soll vermieden und Abfälle vorzugsweise wiederverwertet werden. Außerdem müssen sich die Produzenten an der Entsorgung ihrer Erzeugnisse beteiligen.

Biokunststoffe. Auf lange Sicht können Biokunststoffe helfen, die Probleme zu lösen. Als *Biokunststoffe* werden Polymere bezeichnet, die aus nachwachsenden Rohstoffen hergestellt werden. Die Herkunft – ob biologisch oder synthetisch – ist nicht entscheidend dafür, ob ein Kunststoff *biologisch abbaubar* ist. Dafür entscheidend ist die Struktur des Polymers: Enzyme von Mikroorganismen im Kompost müssen die Spaltung von Elektronenpaarbindungen zwischen den Monomeren katalysieren können. Auch die Monomere selbst müssen abbaubar sein, damit sie sich nicht im Kompost anreichern. Die meisten Kunststoffe sind aber so stabil, dass sie durch Mikroorganismen nicht angegriffen werden, dazu gehören PE, PVC und PET. Dagegen sind manche Polyester wie Copolymere aus Butan-1,4-diol, Hexandisäure und Terephthalsäure durchaus biologisch abbaubar.

Kunststoffe aus nachwachsenden Rohstoffen haben erst einen Anteil von etwa 1 % an der weltweiten Kunststoffproduktion, denn die Herstellungskosten sind meist höher als bei herkömmlichen Polymeren.

Den größten Anteil an den Biokunststoffen stellen heute thermoplastische Polymere auf der Basis von *Stärke,* einem natürlichen Polymer, das aus Glucoseeinheiten aufgebaut ist. Aus Kartoffeln oder Getreide wird zunächst wasserlösliche Stärke isoliert und dann mit Glycerin, Wasser und weiteren Zusatzstoffen vermischt. Durch Blasformen werden aus der Schmelze Folien hergestellt, die dann zu Tragetaschen und Müllbeuteln für kompostierbare Abfälle verarbeitet werden. Für Obstschalen und beschichtete Papiere setzt man *Stärkeblends* ein: Der thermoplastischen Stärke werden andere biologisch abbaubare Polymere beigemischt, die den Stärkekunststoff wasserbeständig werden lassen.

Große Hoffung wird in *Polymilchsäure* gesetzt (Abb. 1). Ausgangsstoff für diesen biologisch abbaubaren Polyester ist Milchsäure (2-Hydroxypropansäure), ein Mo-

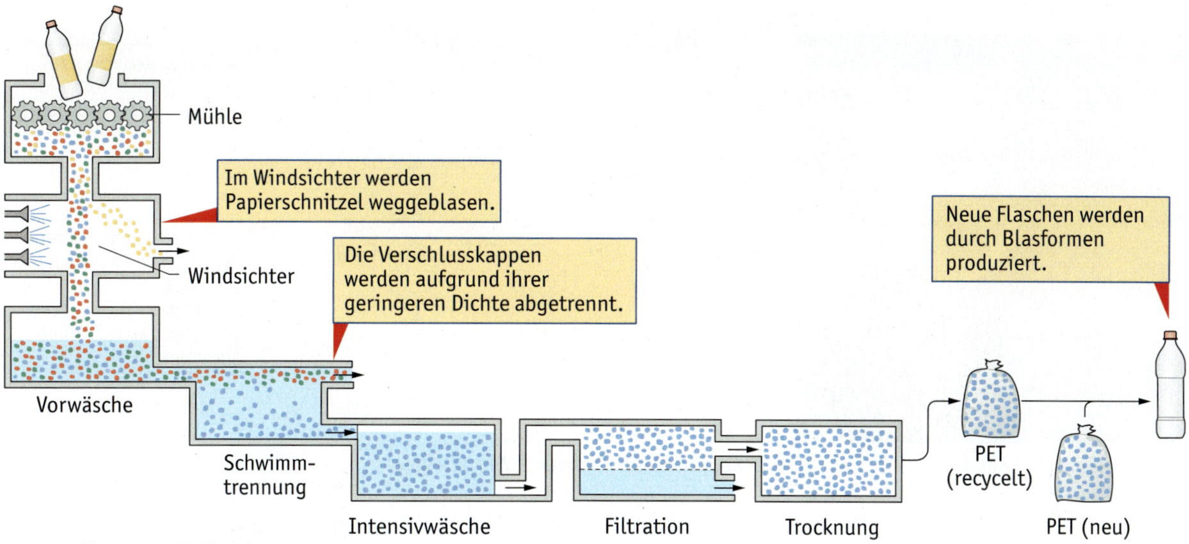

2 *Recycling von PET-Flaschen*

lekül mit zwei funktionellen Gruppen. Spezielle Bakterienstämme können Stärke und Glucose zu Milchsäure abbauen und die Moleküle in einer Polykondensationsreaktion zu Polymilchsäure verbinden. Die Polymilchsäure dient den Bakterien als Energiespeicher und kann bei Bedarf zu Glucose und weiter zu Kohlenstoffdioxid und Wasser abgebaut werden. Aus Polymilchsäure werden beispielsweise Müllbeutel, Joghurtbecher und Essgeschirr hergestellt. Eine weitere Verwendung findet das Polymer in der Medizin, wo es bei Operationen an inneren Organen als vom Körper abbaubares Nahtmaterial eingesetzt wird.

Recycling von Kunststoffen. In Deutschland fallen jährlich etwa fünf Millionen Tonnen Kunststoffmüll an. Aus Gründen des Umweltschutzes verbietet sich das Deponieren. Zum Wegwerfen sind diese Kunststoffe außerdem zu wertvoll, denn sie besitzen einen hohen Rohstoff- und Energiegehalt. Kunststoffabfälle werden deshalb wiederverwertet. Dabei unterscheidet man thermisches, werkstoffliches und rohstoffliches Recycling.

Beim *werkstofflichen Recycling* werden sortenreine thermoplastische Kunststoffe zerkleinert, gereinigt und umgeschmolzen. 2011 wurden 42 % des Kunststoffmülls werkstofflich recycelt und zu neuen Produkten verarbeitet. Beispiele für erfolgreiches werkstoffliches Recycling sind Bierkästen aus Polypropen und CDs aus Polycarbonat, einem Polyester.

Der hohe Energiegehalt macht Kunststoffe als Ersatzbrennstoff für Erdöl interessant. 56 % der gesammelten Kunststoffabfälle wurden 2011 in Müllverbrennungsanlagen *thermisch* verwertet. Die frei werdende Energie wird zur Stromerzeugung oder als Fernwärme genutzt.

Nur etwa 1 % der Kunststoffabfälle werden *rohstofflich* wiederverwertet. Kunststoffe können dazu durch Hydrolyse oder durch Pyrolyse in ihre Monomere gespalten werden. Die Verfahren für rohstoffliches Recycling sind wirtschaftlich noch unrentabel.

Biokunststoffe sind Polymere, die aus nachwachsenden Rohstoffen hergestellt werden. Kunststoffabfälle sind Wertstoffe und werden überwiegend werkstofflich recycelt oder energetisch verwertet.

1 Zeichne einen Ausschnitt aus einem Poly-3-hydroxypropansäure-Molekül.

2 a) Erläutere die Eigenschaften, die ein biologisch abbaubarer Kunststoff haben muss.
b) Beschreibe anhand von Abb. 1 den idealen Kreislauf der Biokunststoffe.

3 Recherchiere die Methoden, mit denen ein Gemisch aus Kunststoffabfällen sortenrein sortiert werden kann.

4 Erläutere Abb. 2 zum Recycling von PET-Flaschen.

5 Was ist besser für die Umwelt, Einweg- oder Mehrwegflaschen, Glas- oder PET-Flaschen, Pfandflaschen oder Flaschen ohne Pfand? Formuliere eine begründete Stellungnahme. Gehe dabei auch auf die folgenden Aspekte ein und recherchiere weiter: Transportkosten, Häufigkeit der Wiederbefüllung, Reinigung vor der Wiederbefüllung, Rücknahme der Flaschen über den Handel, Recycling durch Verschmelzen von Glasflaschen mit Neuglas, Recycling durch Gewinnung von sortenreinem PET und Herstellung neuer PET-Flaschen, weitere Möglichkeiten, PET-Flaschen zu verwenden.

4.4 Bakelit und andere Duroplaste

1 *Leo Hendrik BAEKELAND*

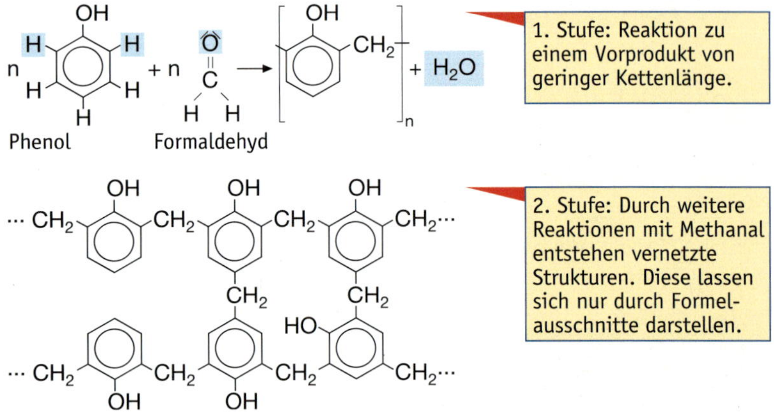

2 *Reaktion von Phenol mit Formaldehyd*

Schon 1907 hatte der Belgier BAEKELAND (Abb. 1) aus *Phenol* und *Formaldehyd* mit Natriumhydroxid als Katalysator einen duroplastischen Kunststoff hergestellt. Dieser älteste vollsynthetische Kunststoff ist ein *Phenoplast* und man fertigte damals daraus zum Beispiel Radio- und Telefongehäuse. Zu Ehren von BAEKELAND erhielt der Kunststoff den Namen *Bakelit*. Heute wird eine Vielzahl von Produkten aus Phenoplasten und anderen duroplastischen Werkstoffen hergestellt.

Herstellung eines Phenoplasts. Bei der Synthese eines Phenoplasts gehen Phenol und Formaldehyd eine Polykondensationsreaktion ein. Dabei werden die Phenol-Reste über CH_2-Gruppen miteinander verknüpft, gleichzeitig werden Wasser-Moleküle abgespalten. Es entstehen dabei Makromoleküle mit geringer Kettenlänge. Durch weitere Reaktionen mit Formaldehyd bilden sich vernetzte Strukturen. Es entsteht ein Duroplast (Abb. 2).

Neben den Phenoplasten sind auch Duroplaste im Handel, die aus Formaldehyd und den Monomeren Harnstoff und Melamin hergestellt werden. Sie werden zur Produktion von Steckdosen und Sichtblenden elektrischer Schalter verwendet. Diese Produkte sind bis etwa 300 °C temperaturbeständig. Neben der Temperaturbeständigkeit zeichnen sich die Duroplaste durch hohe mechanische und chemische Belastbarkeit aus, verwendet werden sie demzufolge zur Herstellung von Schleifscheiben und Isolationsmaterial.

Schichtpressstoffe. Duroplastische Kunststoffe werden oft mit Geweben und Faserbahnen zu *Schichtpressstoffen* verarbeitet. Für die Karosserie des früher in Zwickau produzierten Trabants wurden 65 Lagen zu einer 4 mm starken Schicht zusammengepresst. Als Fasermaterial dienten kurze Baumwollfasern, die nicht versponnen werden konnten. Man konnte also von einem baumwollverstärkten Phenoplast sprechen.

Epoxidharze. Eine besondere Rolle unter den Duroplasten spielen die *Epoxidharze*. Sie zeichnen sich durch hohe chemische Beständigkeit, große Härte, Schlagfestigkeit und Abriebfestigkeit aus. Aus Epoxidharzen werden hochwertige Kunststoffteile für Waschmaschinen und Kühlschränke, für Sportgeräte und viele weitere Gebrauchsartikel hergestellt. Aber auch in der Produktion hochwertiger Lacke und Klebematerialien spielen Epoxidharze eine Rolle. Auch viele *Gießharze* bestehen aus Epoxid-Kunststoffen. Man verwendet sie in der Elektrotechnik, um verschiedene Geräteteile fest miteinander zu verbinden und sie gleichzeitig elektrisch voneinander zu isolieren.

Recycling. Duroplaste können nicht recycelt werden, denn sie lassen sich aufgrund der vernetzten Struktur weder ein zweites Mal verformen noch in verwertbare Monomere zerlegen. Duroplastteile gehören in den Restmüll.

Duroplastische Kunststoffe wie Phenoplaste und Epoxidharze werden durch Polykondensation hergestellt.

1 a) Gib die Reaktionsgleichung für die Reaktion von zwei Phenol-Molekülen mit einem Formaldehyd-Molekül an. Nutze Strukturformeln.
b) Es handelt sich dabei um eine Kondensation. Erkläre.
c) Erkläre die duroplastischen Eigenschaften bei Phenoplasten über die molekulare Stuktur.

2 Harnstoff hat die Formel $H_2N\text{-}CO\text{-}NH_2$. Erläutere mithilfe von Reaktionsgleichungen die Bildung von Makromolekülen durch die Reaktion von Harnstoff mit Formaldehyd.

3 Erläutere den Begriff Schichtpressstoff.

4.5 Gummi – das wichtigste Elastomer

1 *Gewinnung von Latex*

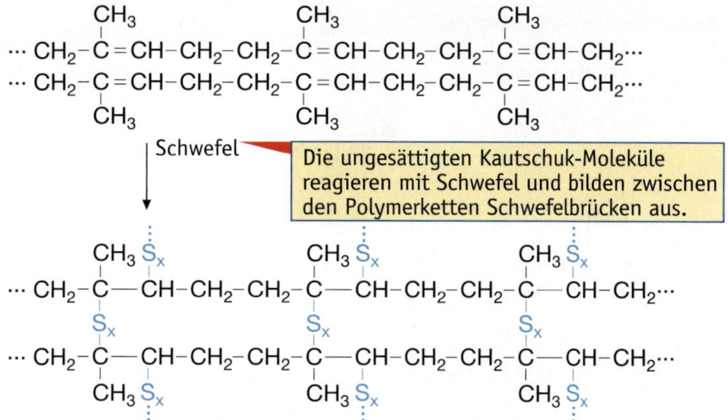

2 *Struktur von Kautschuk-Molekülen und Vulkanisation*

Wird die Rinde eines Kautschukbaums verletzt, so fließt *Latex*, eine milchige Flüssigkeit, heraus (Abb. 1). Sie enthält fein verteilte Tröpfchen von **Kautschuk**, einem Polymer, das in regelmäßigen Abständen *C=C-Doppelbindungen* enthält. Die Makromoleküle des Kautschuks werden aus dem Monomer *Isopren* (2-Methylbuta-1,3-dien) gebildet:

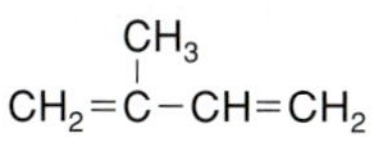

Die gewonnene Latexmilch wird in einem nächsten Arbeitsschritt mit Ameisensäure oder Essigsäure versetzt. Dabei fällt das Polymer aus und man erhält *Rohkautschuk*. Eine weitere Möglichkeit den Rohkautschuk zu gewinnen, ist das einfache Eindampfen des Milchsaftes.

Rohkautschuk ist zäh, klebrig und thermoplastisch. Ein dauerhaft gummielastisches Material erhält man erst durch **Vulkanisation**. Dabei wird Rohkautschuk mit Schwefel vermengt und erhitzt. Der Schwefel reagiert mit den C=C-Doppelbindungen, sodass benachbarte Makromoleküle über *Schwefelbrücken* verbunden werden. Es entsteht **Gummi** (Abb. 2).

Synthesekautschuk. Seit 1937 wird in großem Maße *Synthesekautschuk* durch Polymerisation hergestellt. Dabei geht man meist von den Monomeren *Buta-1,3-dien* und *Styrol* aus:

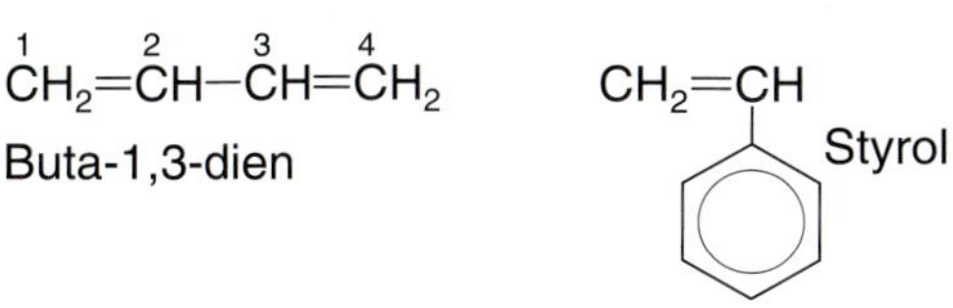

Je nach Mischungsverhältnis der Monomere erhält man Synthesekautschuk mit unterschiedlichen Eigenschaften. Ebenso wie der Naturkautschuk, kann auch der synthetisch hergestellte Kautschuk vulkanisiert werden.

Reifenherstellung. Autoreifen müssen besonders elastische Seitenwände besitzen, die Laufflächen dagegen sollen rutschfest und abriebfest sein. Man benötigt also Gummisorten unterschiedlicher Elastizität. Sie lassen sich durch Variation des Synthesekautschuks und durch unterschiedliche Schwefelanteile bei der Vulkanisation erreichen. Nach der Vulkanisation sind noch immer reaktionsfähige C=C-Doppelbindungen vorhanden, die durch Luftsauerstoff angegriffen werden könnten. Dadurch würde das Material porös und brüchig. Durch den Zusatz von Alterungsschutzmitteln verhindert man, dass das Material seine gummielastische Eigenschaft verliert. Außer Kautschuk und Schwefel werden Ruß und Harze als Füllstoffe und Weichmacher für die Reifenherstellung benötigt.

Kautschuk ist ein Thermoplast, dessen Moleküle C=C-Doppelbindungen enthalten. Durch Vulkanisation mit Schwefel werden die Moleküle zu einem gummielastischen Material vernetzt.

1 a) Erkläre die Gewinnung von Naturkautschuk.
b) Formuliere die Reaktionsgleichung zur Verknüpfung zweier Isopren-Moleküle.

2 a) Entwickle die Reaktionsgleichung zur Verknüpfung eines Buta-1,3-dien-Moleküls mit einem Styrol-Molekül.
b) Mit dieser Reaktion ist die Polymerisation noch nicht beendet. Erkläre.

3 Begründe die Notwendigkeit der Vulkanisation von Kautschuk und stelle den Vulkanisationsvorgang auf molekularer Ebene dar.

4.6 Silicone – Kunststoffe aus Sand

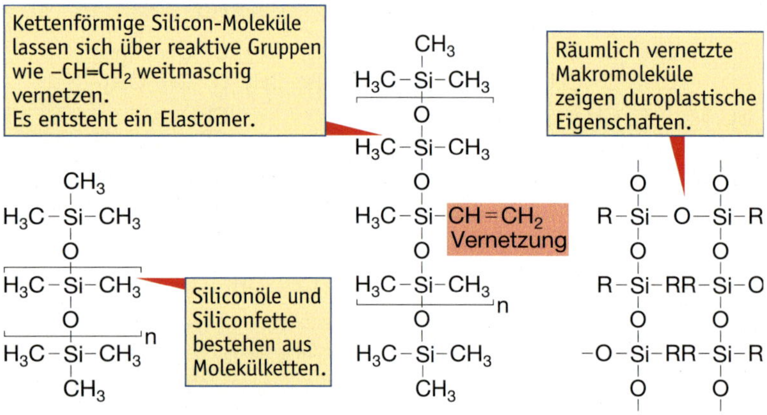

1 *Silicon-Moleküle: Öl, Kautschuk, Harz*

2 *Backform aus Silicon*

Silicium steht im Periodensystem unmittelbar unter dem Element Kohlenstoff. Daher bildet es auch ähnliche Verbindungen: Dem Methan (CH_4) entspricht das *Silan* (SiH_4), den Alkanolen entsprechen die *Silanole*.

Silicone. Auch Makromoleküle lassen sich auf der Grundlage der Siliciumchemie herstellen. Größere Mengen dieser Kunststoffe, der **Silicone**, wurden erstmals 1947 in Deutschland produziert. Eine Produktionsstätte war Nünchritz in Sachsen. Auch heute werden im Nünchritzer Werk Silicone und weitere Produkte hergestellt. Die erforderlichen Zwischenprodukte werden mithilfe von elementarem Silicium erzeugt. Da das Silicium aus Quarzsand (SiO_2) gewonnen wird, bezeichnet man Silicone auch als „Kunststoffe aus Sand".

Silicone sind siliciumorganische Kunststoffe, deren Molekülgerüst aus Silicium- und Sauerstoff-Atomen besteht. Die übrigen Bindungen an den Silicium-Atomen sind meist von Methyl-Gruppen besetzt (Abb. 1).

Herstellung. Das wichtigste Zwischenprodukt für die Synthese von Siliconen ist Dichlordimethylsilan ($(CH_3)_2SiCl_2$). Es entsteht bei der Umsetzung von elementaren Silicium mit Monochlormethan (CH_3Cl):

$$Si\,(s) + 2\,CH_3Cl\,(g) \xrightarrow{\text{Kat., }300\,°C} (CH_3)_2SiCl_2\,(l)$$

Durch die Reaktion mit Wasser erhält man daraus das eigentliche Monomer für die Polyreaktion, ein **Silandiol:** $HO–Si(CH_3)_2–OH$. Silandiole entsprechen den Alkandiolen der Kohlenstoff-Chemie, besitzen aber viel reaktionsfreudigere OH-Gruppen. Sie reagieren in einer *Polykondensationsreaktion* miteinander, wobei Wasser abgespalten wird. Dadurch bilden sich kettenförmige Silicon-Moleküle, wie sie in *Siliconölen* und *Siliconfetten* enthalten sind. Die Moleküle der **Silantriole** besitzen dagegen drei OH-Gruppen. Man erhält daraus duroplastische *Siliconharze* mit räumlich vernetzten Makromolekülen (Abb. 1).

Eigenschaften und Verwendung. Durch die unpolaren Methyl-Gruppen sind die Silicone wasserabweisend. Silicone sind außerdem äußerst beständig gegen Ozon- und UV-Strahlen, sie vertragen höhere Temperaturen als Kunststoffe, die aus Kohlenstoffverbindungen bestehen. Da sie auch geruchsfrei, elektrisch isolierend und wärmebeständig sind, werden Silicone in vielen Bereichen eingesetzt (Abb. 2):

- Man verwendet sie als Bremsflüssigkeit, Schmiermittel und Dichtungsmasse.
- In der Medizintechnik werden künstliche Gelenke und Herzklappenventile aus Siliconen angefertigt.
- Die Arzneimittelindustrie und die Kosmetikindustrie stellen aus Siliconen Salbengrundlagen her.
- Textilien, die mit Siliconen imprägniert sind, bleiben atmungsaktiv, lassen sich aber nicht von Wasser benetzen.
- Viele Gebäudeschutzmittel bestehen aus Silicon, aber auch einige Küchenutensilien wie Backformen und Eiswürfelbehälter.

Silicone sind siliciumorganische Kunststoffe, in denen Silicium-Atome und Sauerstoff-Atome das Grundgerüst der Moleküle bilden.

1 Vergleiche die Polymerketten von Siliconen mit Polyethylen.

2 Die Reaktion zwischen Silandiol-Molekülen ist eine Polykondensation. Begründe.

3 Stelle für die Reaktion von vier Silantriol-Molekülen die Reaktionsgleichung mit Strukturformeln auf.

4 Erkläre die duroplastischen Eigenschaften von Siliconharzen und die elastischen Eigenschafen von Siliconkautschuk. Nutze Abb. 1.

4.7 Klebstoffe

1 *Klebstoffartikel*

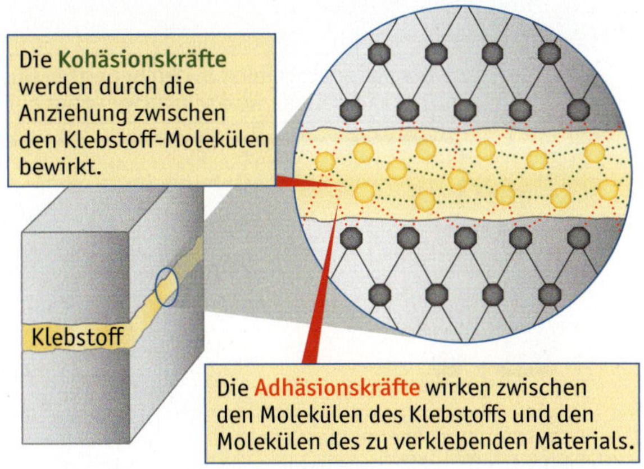

2 *Kräfte beim Kleben*

Zum Basteln, Reparieren und Verpacken bietet der Markt heute eine fast unüberschaubare Fülle von Klebern an. Auch in der technischen Fertigung gewinnen Klebstoffe immer größere Bedeutung. Statt zu schweißen oder zu nieten, klebt man die Teile viel einfacher und billiger aneinander. So werden bei der Herstellung eines Autos durchschnittlich 15 verschiedene Klebstoffe eingesetzt. Sie erreichen eine Festigkeit, die den Schweißnähten und Nietverbindungen in nichts nachsteht.

Theorie des Klebens. Zwei Voraussetzungen müssen erfüllt sein, damit eine Klebeverbindung hält:

- Der Klebstoff muss das zu klebende Material gut *benetzen*. Darum wird er meist in flüssiger Form aufgetragen, denn nur so kann er in die kleinsten Unebenheiten eindringen.
- Der Klebstoff muss die zu verbindenden Teile *zusammenhalten*. Den Kontakt vermitteln Anziehungskräfte zwischen den Teilchen des Klebstoffs und denen des zu verbindenden Materials. Man spricht hier von *Adhäsionskräften* (lat. *adhaerere*: haften). Die Teilchen des Klebstoffs müssen aber auch untereinander durch genügend große Kräfte zusammengehalten werden. Das bewirken *Kohäsionskräfte* (lat. *cohaerere*: zusammenhalten).

Nach der Art des Aushärtens unterscheidet man physikalisch härtende und chemisch härtende Klebstoffe.

Physikalisch härtende Klebstoffe. Bei diesen Klebstoffen erfolgt das Aushärten durch *physikalische Vorgänge*. So enthalten *Lösemittelklebstoffe* gelöste Makromoleküle. Der eigentliche Klebstoff härtet aus, wenn das Lösemittel verdunstet. In diese Gruppe gehören die sogenannten *Alleskleber*. Sie enthalten beispielsweise in Aceton gelöste Polyester. Heute bevorzugt man in vielen Klebern Wasser als Lösemittel, weil organische Lösemittel gesundheitsschädlich und leicht entzündlich sein können. Auch *Schmelzkleber* härten physikalisch aus. Sie sind thermoplastische Kunststoffe, die beim Erwärmen erweichen. Beim Abkühlen erstarrt der Kleber wieder und verbindet die Teile miteinander. Ein handliches Gerät zur Verarbeitung von Schmelzklebern ist die Klebepistole.

Chemisch härtende Klebstoffe. Diese Klebstoffe bezeichnet man auch als *Reaktionskleber*. Sie enthalten Monomere oder Vorstufen von Makromolekülen. Vor ihrem Einsatz werden sie mit einem *Härter* vermischt. Beim Aushärten setzt eine Polymerisation ein. Zu dieser Gruppe von Klebern gehören die *Zwei-Komponenten-Kleber* und *Sekundenkleber*.

Eine besondere Form sind *nichthärtende Klebstoffe*. Es handelt sich dabei um *Haftklebstoffe* aus Kautschuk oder Polyacrylaten. Sie sind dauerhaft klebrig und lassen sich von der Unterlage wieder abziehen. Man verwendet sie für Klebebänder, Pflaster, Aufkleber und Post-its®.

Klebstoffe verbinden Teile durch molekulare Anziehungskräfte miteinander. Für bestimmte Zwecke werden unterschiedliche Klebstoffe eingesetzt.

1 Bringe verschiedene Klebstoffe in den Unterricht mit. Ordne sie einer Klebstoffart zu. Beachte dabei die Verarbeitungshinweise.

2 Erkläre mit Abb. 2 den Klebevorgang.

3 Schmelzkleber sind thermoplastische Kunststoffe. Erläutere die Funktionsweise.

4 Zwei-Komponenten-Kleber sind Reaktionskleber. Erkläre.

5 Nenne Sicherheitsvorschriften, die beim Umgang mit Sekundenklebern zu beachten sind.

6 Die Gummilösung beim Flicken eines Fahrradschlauchs muss eintrocknen. Begründe.

3D-Drucker

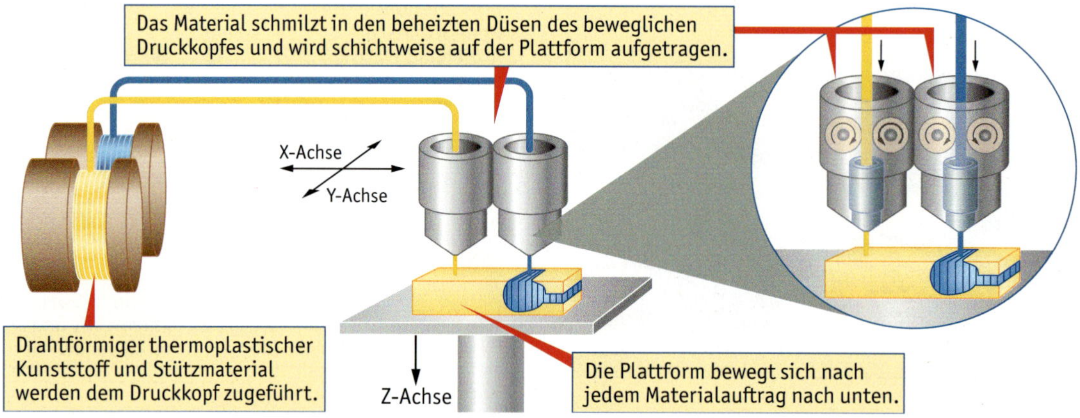

1 *Funktionsweise 3D-Drucker im Schmelzschichtverfahren*

Ob Spielfiguren, Prothesen oder Zahnersatz, heutige 3D-Drucker können aus einem digitalen 3D-Modell fast alle Gegenstände herstellen. Vorher muss der Gegenstand allerdings als dreidimensionales Modell im Computer vorliegen. Erst dann kann eine spezielle Software die Gestalt in Druckbefehle umwandeln. Beim eigentlichen Druckvorgang gibt es mehrere Verfahren. Die Bandbreite reicht dabei von *Schmelzschichtung* über *Pulverdruck* bis hin zur *Stereolithographie*.

Schmelzschichtung. Bei diesem Verfahren wird das Objekt über geschmolzenen Kunststoff aufgebaut. Dazu wird drahtförmiger Kunststoff in den beheizten Düsen eines in XY-Richtung beweglichen Druckkopfes verflüssigt und auf einer nach oben und unten beweglichen Plattform an der von der Vorlage vorgegebenen Stelle schichtweise aufgetragen. Das Material härtet aus und nach und nach entsteht ein dreidimensionaler Ausdruck. Bei diesem Verfahren spricht man nicht ganz unzutreffenderweise auch von der *„räumlichen Heißklebepistole“* (Abb. 1). Als Kunststoff kommt häufig das thermoplastische Copolymer *Acrylnitril-Butadien-Styrol*, kurz ABS, zum Einsatz. Da ABS während des Druckprozesses langsam aushärtet, muss auch *Stützmaterial* durch den Drucker aufgebaut werden. Dieses Stützmaterial wird nach dem Aushärten entfernt.

Pulverdruck. Im Gegensatz zum Schmelzschichten dient hier ein Pulver als Ausgangsmaterial. Es härtet an jenen Stellen aus, die mit flüssigem Bindemittel in Kontakt kommen. Dieses Bindemittel wird wie bei einem Tintenstrahldrucker aufgetragen. Als Stützmaterial dient bei diesem Verfahren das nicht ausgehärtete Pulver um das Objekt. Es kann nach dem Ende des Druckvorganges sehr leicht entfernt werden und ist sogar wiederverwendbar. Ein weiterer Vorteil dieser Methode ist die Möglichkeit mehrfarbige hochauflösende Gegenstände zu drucken.

1 Erstelle ein Fließschema zur Funktionsweise eines 3D-Druckers nach dem Schmelzschichtverfahren.
2 Erläutere mithilfe der Abb. 2 das Pulverdruckverfahren.
3 Vergleiche das Schmelzschicht- mit dem Pulverdruckverfahren.
4 Recherchiere die Funktionsweise der 3D-Stereolithographie.
5 Erläutere die Auswirkung des 3D-Drucks im Zusammenhang mit Produktpiraterie.

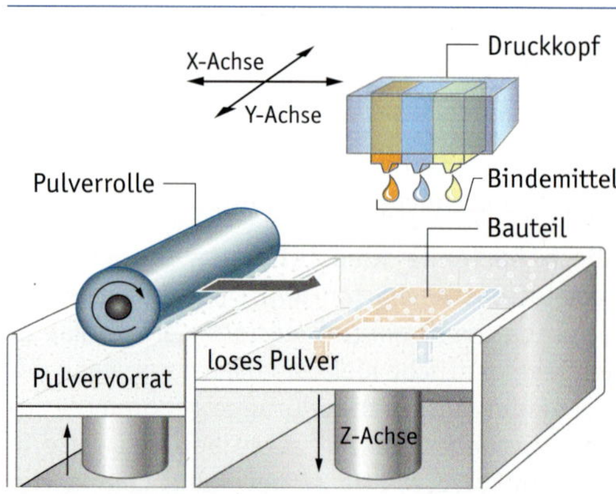

2 *Pulverdruckverfahren*

1. Aufbau

a) **Kunststoffe** sind synthetisch aus Monomeren oder halbsynthetisch durch Umwandlung von makromolekularen Naturstoffen hergestellte Werkstoffe.

b) **Thermoplaste** bestehen aus kettenförmigen oder leicht verzweigten Makromolekülen. Sie werden beim Erwärmen zähflüssig und lassen sich dann leicht verarbeiten.

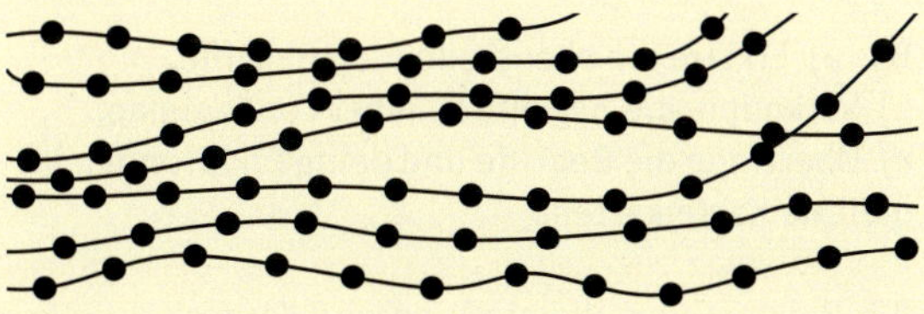

c) **Duroplaste** sind Kunststoffe, bei denen die Makromoleküle engmaschig durch Atombindungen miteinander verknüpft sind. Sie lassen sich nach der Herstellung nicht mehr verformen und zersetzen sich bei starkem Erhitzen.

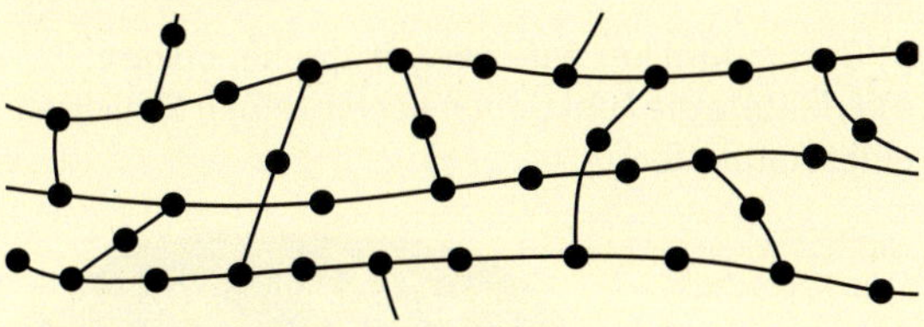

d) **Elastomere** bestehen aus weitmaschig untereinander verknüpften Makromolekülen. Sie verformen sich bei Druck oder Zug, kehren aber wieder in ihre Ausgangsform zurück. Auch Elastomere zersetzen sich bei höheren Temperaturen, ohne vorher zu schmelzen.

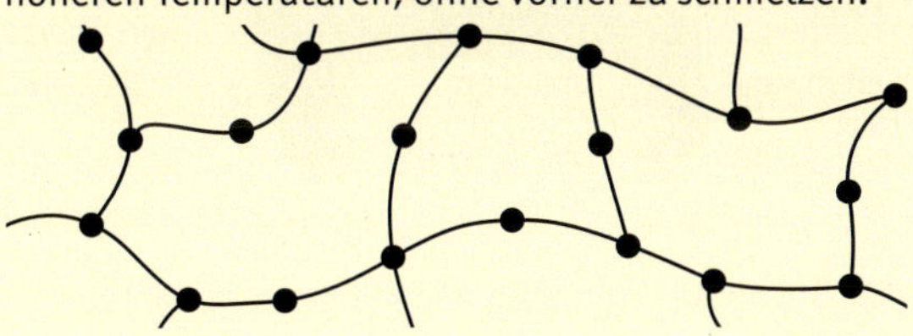

2. Synthese

Makromoleküle werden durch **Polyreaktionen** aus Monomeren gebildetet.

a) Bei einer **Polymerisation** bilden sich die Makromoleküle aus Monomeren mit einer C=C-Doppelbindung. Die Monomere werden durch eine Kettenreaktion miteinander verknüpft.

Beispiel: Polyethylen

Ethen $\ldots + CH_2{=}CH_2 + CH_2{=}CH_2 + CH_2{=}CH_2 + \ldots \rightarrow$

$\cdots CH_2{-}CH_2{-}CH_2{-}CH_2{-}CH_2{-}CH_2 \cdots$ Polyethylen

b) Bei einer **Polykondensation** reagieren Monomere mit mindestens zwei funktionellen Gruppen miteinander. Bei jedem Reaktionsschritt wird ein Wasser-Molekül abgespalten.

Beispiel: Polyamid

$H_2N{-}(CH_2)_4{-}NH_2 + HOOC{-}(CH_2)_4{-}COOH \longrightarrow$

Diamin Dicarbonsäure

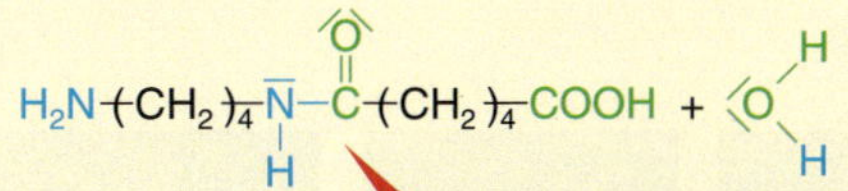

Das dimere bifunktionelle Molekül reagiert weiter zum Polyamid.

3. Verarbeitung

a) *Thermoplastische Kunststoffe* werden von der chemischen Industrie als Granulat oder Pulver geliefert. Durch Spritzgießen, Blasformen oder Schmelzspinnen können Gegenstände unterschiedlichster Form produziert werden.

b) *Duroplastische Kunststoffe* und *Elastomere* müssen schon während des Ablaufs der Polyreaktionen ihre endgültige Form erhalten. Danach können sie nur noch mechanisch bearbeitet werden.

4. Biokunststoffe

Als Biokunststoffe werden Kunststoffe bezeichnet, die aus nachwachsenden Rohstoffen hergestellt werden. Sowohl die Verknappung der fossilen Energieträger als auch die steigende Umweltbelastung durch Kunststoffmüll machen die Produktion von Biokunststoffen wünschenswert.

5. Recycling

Gebrauchte Kunststoffe sind Wertstoffe mit einem hohen Energie- und Rohstoffgehalt. Da die meisten Kunststoffe sehr langlebig sind, müssen sie umweltgerecht entsorgt werden.

a) *Werkstoffliche Verwertung:* Sortenreine Kunststoffabfälle werden zerkleinert, umgeschmolzen und zu neuen Gebrauchsgegenständen verarbeitet.

b) *Thermische Verwertung:* Der Energiegehalt des Kunststoffmülls wird durch Verbrennung genutzt.

c) *Rohstoffliche Verwertung:* Kunststoffreste werden in chemische Rohstoffe zerlegt, die zu neuen Kunststoffen verarbeitet werden können. Die technische Anwendung ist noch unbedeutend.

d) *Biologisch abbaubare Kunststoffe* können kompostiert werden.

Teste dich

A1 Beschreibe die molekularen Strukturen von Thermoplasten, Duroplasten und Elastomeren und leite daraus die unterschiedlichen Eigenschaften der Kunststoffarten ab.

A2 In der Abbildung sind drei Gegenstände zu sehen. Ordne das Material, aus dem sie bestehen, den drei Kunststoffgruppen zu und begründe deine Entscheidung.

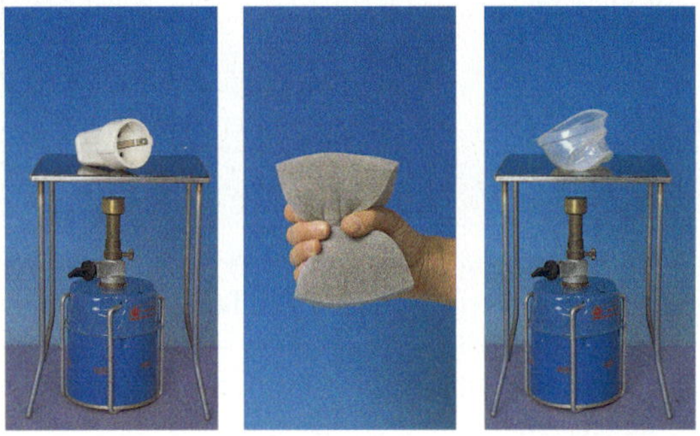

A3 Styrol und Ethen können miteinander durch Copolymerisation reagieren. Zeichne einen Molekülausschnitt des Polymers, der die verschiedenen Monomereinheiten abwechselnd enthält.

A4 Kunststoffe können durch Polymerisation oder durch Polykondensation hergestellt werden. Erläutere den Unterschied zwischen diesen beiden Polyreaktionen.

A5 Propan-1,3-diol reagiert mit Decandisäure zu einem Polyester.
a) Formuliere die Reaktionsgleichung für die Bildung eines dimeren Moleküls.
b) Beurteile die Werkstoffeigenschaften des gebildeten Polyesters.

A6 Formuliere Reaktionen, die zwischen Propandisäure und Glycerin möglich sind. Begründe aufgrund der Struktur des Polymers die Eigenschaften des gebildeten Kunststoffs.

A7 a) Erläutere, was man unter einem sortenreinen Kunststoff versteht.
b) Verunreinigungen beeinträchtigen die Qualität eines recycelten Kunststoffs. Stelle Gründe dafür zusammen.

Lösungen stehen im Anhang.

Die wichtigsten Begriffe

- Monomer, Polymer, Makromolekül
- Thermoplast, Duroplast, Elastomer
- Polyreaktion
- Polymerisation, Polykondensation
- Biokunststoffe
- Recycling

B1 a) Erkläre die obenstehenden Begriffe.
b) Verknüpfe die Begriffe zu einer Conceptmap.
c) Übertrage die Begriffe und deine Erklärungen in digitale Karteikarten.

B2 Bei der Gummiherstellung wird Kautschuk vulkanisiert.
a) Erläutere das Verfahren der Vulkanisation.
b) Stelle die molekularen Vorgänge, die bei der Vulkanisation ablaufen, durch Strukturformeln dar.
c) Erkläre die Erzeugung von weichem und hartem Gummi.
d) Gummi wird im Laufe der Zeit spröde. Erkläre.
e) Erläutere die Funktionen der einzelnen Schichten eines Autoreifens.

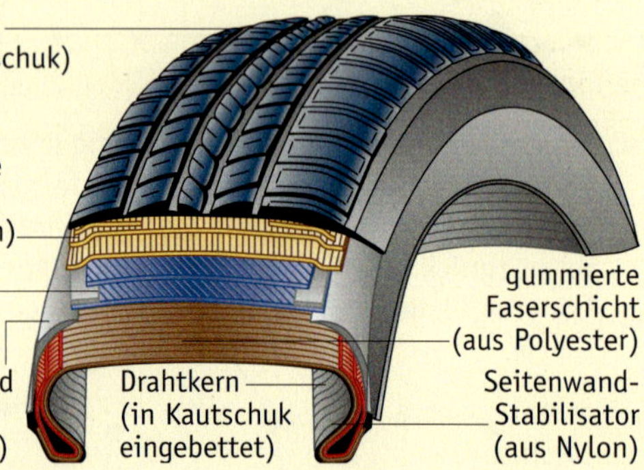

B3 Bei der Verbrennung von Kunststoffen entstehen verschiedene Verbrennungsprodukte.
a) Nenne und begründe die Verbrennungsprodukte, die du bei der Verbrennung von Polyethylen und Polyvinylchlorid erwartest.
b) Gib jeweils die Reaktionsgleichungen für die Verbrennungsreaktionen an.

B4 Hausmüll enthält etwa 10 % Kunststoffe. In der Müllverbrennungsanlage braucht man für kunststoffhaltigen Müll weniger Erdöl als für kunststofffreien Müll. Erläutere den Zusammenhang.

C1 Polyhydroxybuttersäure – ein Biokunststoff

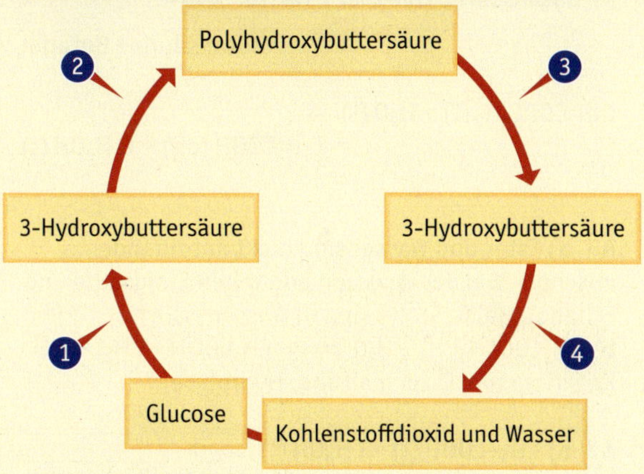

3-Hydroxybuttersäure entsteht ähnlich wie Milchsäure als Stoffwechselprodukt aus Glucose. Einige Bakterien nutzen Hydroxybuttersäure als Energiespeicher, indem sie die Monomere in Polyhydroxybuttersäure umwandeln und dann speichern. Bei Bedarf bauen die Bakterien dann das Polymer zum Monomer und dann weiter zu Kohlenstoffdioxid und Wasser ab.

Die Bakterien kann man in großen Tanks züchten und die gespeicherte Polyhydroxybuttersäure gewinnen und weiterverarbeiten. Der Polyester ist ein vielversprechender Biokunststoff, der mit herkömmlichen Kunststoffen im Laufe der Zeit konkurrieren könnte. Noch ist das Verfahren allerdings zu teuer.

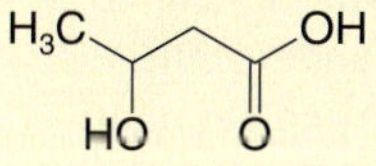

3-Hydroxybuttersäure

a) Erläutere die Eignung von 3-Hydroxybuttersäure als Kunststoffmonomer.
b) Zeichne einen Ausschnitt aus der Struktur des Polymers und gib die Art der Polyreaktion an.
c) Formuliere Reaktionsgleichungen für den Abbau von Polyhydroxybuttersäure zu Kohlenstoffdioxid und Wasser.
d) Stelle Eigenschaften eines biologisch abbaubaren Kunststoffs zusammen und überlege, ob sie auf Polyhydroxybuttersäure zutreffen.
e) Erläutere den oben dargestellten Kreislauf und gib die Bedeutung der Pfeile 1-4 an.

C2 Neopren® – gegen Kälte geschützt

Tauch- und Surfanzüge werden aus geschäumtem Neopren® (Polychlorbutadien) gefertigt. Aufgrund eingeschlossener Luftbläschen wirkt das Material isolierend gegen Kälte. Polychlorbutadien hat überwiegend die nachfolgende Struktur mit *trans*-1,4-Verknüpfungen:

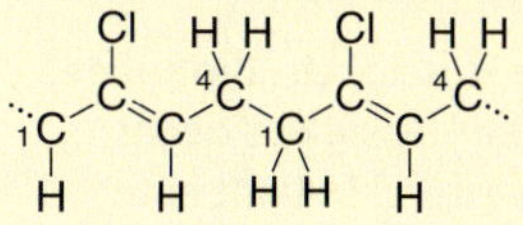

a) Erläutere, was *trans-1,4-Verknüpfung* bedeutet.
b) Formuliere für die Synthese von Polychlorbutadien aus 2-Chlorbuta-1,3-dien die Reaktionsgleichung.
c) In geringem Maße treten auch noch drei andere Verknüpfungen auf. Zeichne dazu Ausschnitte aus den Strukturformeln.

C3 Nylon

Nylonfäden werden im Schmelzspinnverfahren hergestellt. Anschließend werden die Fäden auf das Zehnfache ihrer Länge gestreckt. Nach der Streckung sind die Nylonfäden wesentlich reißfester.
a) Beschreibe das Schmelzspinnverfahren.

b) Entwickle eine Modellvorstellung, die unter Berücksichtigung zwischenmolekularer Bindungen die Reißfestigkeit erklärt. Zeichne dazu einen Ausschnitt aus der Strukturformel mit zwei Polymerfäden.

Lösungen Teste dich

Kapitel 1

Hilfen zur Lösung der Aufgaben findest du hier:

A1 S. 12, 13; **A2** S. 15; **A3** S. 12, 13, 16, 17, 20; **A4** S. 14; **A5** S. 20, 21; **A6** S. 19, 20, 28, 29; **A7** S. 20, 23; **A8** S. 23.

Lösungen:

A1 a) Propansäure oder Propionsäure

b) Propanol + Sauerstoff $\rightarrow$ Propansäure + Wasser
$CH_3CH_2CH_2OH + O_2 \rightarrow CH_3CH_2COOH + H_2O$

A2 Oxalsäure

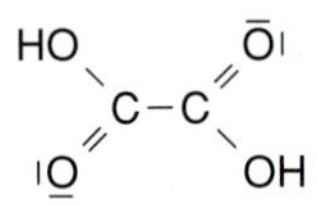

A3 a) Propansäure reagiert mit Wasser zu einer sauren Lösung.
$C_2H_5COOH\,(l) \rightarrow C_2H_5COO^-\,(aq) + H^+\,(aq)$

b) Es bildet sich eine farblose Flüssigkeit, die auf der Ausgangslösung schwimmt. Die Flüssigkeit riecht markant. Der Alkohol wird verestert. Es läuft eine Kondensationsreaktion ab.
$C_2H_5COOH\,(l) + CH_3OH\,(l) \rightarrow C_2H_5COOCH_3\,(l) + H_2O\,(l)$

c) Es entsteht gasförmiges Kohlenstoffdioxid.
$2\,C_2H_5COOH\,(l) + CaCO_3\,(s) \rightarrow 2\,C_2H_5COO^-\,(aq) + Ca^{2+}\,(aq) + CO_2\,(g) + H_2O\,(l)$

d) Propansäure wird neutralisiert.
$C_2H_5COOH\,(l) + Na^+\,(aq) + OH^-\,(aq) \rightarrow Na^+\,(aq) + C_2H_5COO^-\,(aq) + H_2O\,(l)$

A4 Ethansäure löst sich gut in Wasser. Die gute Löslichkeit von Ethansäure in Wasser beruht auf dem großen Einfluss der Carboxyl-Gruppe, die zu Wasser-Molekülen Wasserstoffbrücken ausbilden kann. Heptansäure ist in Wasser nur schlecht löslich. Bei den Heptansäure-Molekülen überwiegt der Einfluss der unpolaren Alkyl-Reste; die Carboxyl-Gruppe hat nur einen geringen Einfluss auf die Wasserlöslichkeit.

A5 a)

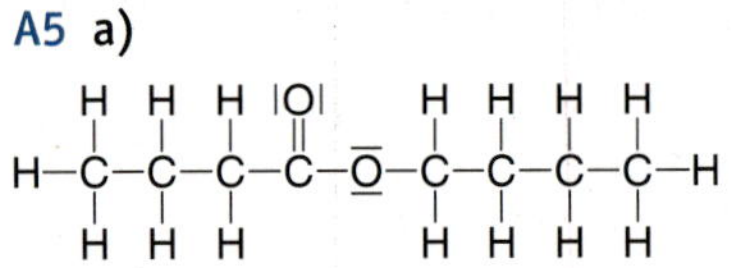

Butansäurebutylester

b) Butansäurebutylester + Wasser $\rightleftharpoons$ Butansäure + Butanol

$C_3H_7COOC_4H_9\,(l) + H_2O\,(l) \rightarrow C_3H_7COOH\,(aq) + C_4H_9OH\,(l)$

A6 a) Ester und Wasser sind nicht miteinander mischbar. Bei der Reaktion entstehen Essigsäure und Ethanol. Beide Stoffe sind in Wasser löslich.
b) $CH_3COOCH_2CH_3 + H_2O \rightleftharpoons CH_3COOH + CH_3CH_2OH$
Reaktionstyp: Esterspaltung, Hydrolyse

A7 a) $CH_3{-}COOH\,(l) + CH_3OH\,(l) \rightleftharpoons CH_3{-}COOCH_3\,(l) + H_2O\,(l)$

b) Bei der Veresterung handelt es sich um eine typische Gleichgewichtsreaktion. Ausgangsstoffe reagieren zu Produkten und Produkte können wieder zu Ausgangsstoffen reagieren. Hinreaktion und Rückreaktion laufen also gleichzeitig ab. Auch nach längerer Reaktionszeit findet man deshalb neben den Produkten Ester und Wasser immer noch die Ausgangsstoffe Ethansäure und Ethanol. Wenn die Hinreaktion und die Rückreaktion gleich schnell verlaufen, befindet sich das System in einem chemischen Gleichgewicht. In der Reaktionsgleichung kennzeichnet man dies durch Gleichgewichtspfeile.

c) Die Essigsäuremethylester-Moleküle sind nur schwach polar. Sie können untereinander keine Wasserstoffbrücken ausbilden. Aufgrund der relativ schwachen Van-der-Waals-Kräfte können sich Moleküle bereits bei niedriger Temperatur aus dem Flüssigkeitsverband lösen. Essigsäure-Moleküle liegen in flüssiger Ethansäure als Doppelmoleküle vor. Diese sind zwar insgesamt ebenfalls unpolar, aber noch größer als die Moleküle im Essigsäuremethylester. Methanol-Moleküle sind zwar kleiner, bilden aber untereinander Wasserstoffbrücken aus. Wasserstoffbrücken sind stabiler als Van-der-Waals-Kräfte.

A8 Bei einer Reaktion im chemischen Gleichgewicht lassen sich Ausgangsstoffe und Produkte gleichzeitig nachweisen.

Hilfen zur Lösung der Aufgaben findest du hier:

A1 S. 38, 39, 40; **A2** S. 39; **A3** S. 36, 37; **A4** S. 42, 43; **A5** S. 48, 49; **A6** S. 42–44.

Lösungen:

A1 **a)** Fett-Moleküle bestehen aus einem Glycerin-Rest und drei oft verschiedenen Fettsäure-Resten.

b) Fette sind die energiereichsten Nährstoffe. Sie sind hydrophob und besitzen keine feste Schmelztemperatur, sondern einen Schmelzbereich.

c) Palmitinsäure ist eine gesättigte Fettsäure, Ölsäure eine einfach ungesättigte Fettsäure. Eine mehrfach ungesättigte Fettsäure ist Linolsäure.

A2 Die Schmelztemperaturen der Fettsäuren werden hauptsächlich von der Molekülgröße und der Molekülgestalt bestimmt. Mit wachsender Anzahl an Kohlenstoff-Atomen wächst die Molekülgröße und die Van-der-Waals-Kräfte nehmen zu. Daher steigt die Schmelztemperatur von Myristinsäure über Palmitinsäure zur Stearinsäure hin an.

Mit wachsender Anzahl an C=C-Doppelbindungen verändert sich die Molekülgestalt. Die *cis*-Doppelbindung bewirkt einen Knick in der Kohlenwasserstoff-Kette. Die Van-der-Waals-Kräfte sind schwächer. Deshalb sinkt die Schmelztemperatur von Ölsäure über Linolsäure hin zur Linolensäure.

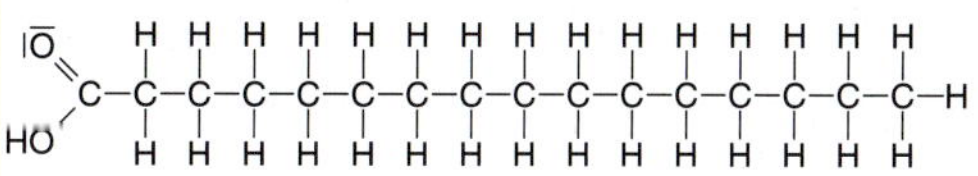

Palmitinsäure

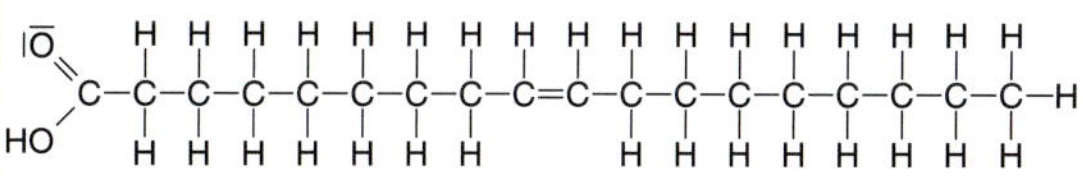

Ölsäure

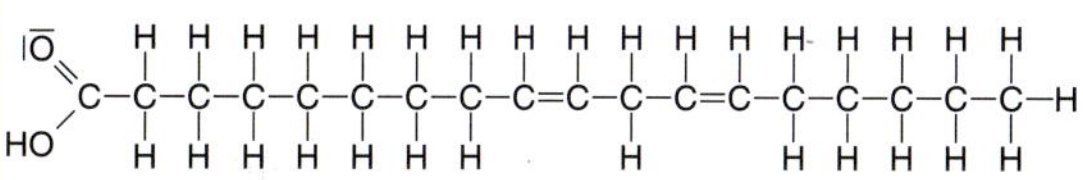

Linolsäure

A3 Salate enthalten auch fettlösliche Vitamine, die von unserem Körper nur bei gleichzeitiger Aufnahme von Speiseöl resorbiert werden können.

A4 **a)** $C_{12}H_{22}O_{11} + 12\ O_2 \rightarrow 12\ CO_2 + 11\ H_2O$

b) $m(C_{12}H_{22}O_{11}) = 4\ g$

$M(C_{12}H_{22}O_{11}) = 342\ \frac{g}{mol}$; $M(CO_2) = 44\ \frac{g}{mol}$

$V_m = 24\ \frac{l}{mol}$

$n(C_{12}H_{22}O_{11}) : n(CO_2) = 1 : 12$

$$n(CO_2) = 12 \cdot n(C_{12}H_{22}O_{11}) = \frac{12 \cdot m(C_{12}H_{22}O_{11})}{M(C_{12}H_{22}O_{11})} = \frac{12 \cdot 4\ g}{342\ \frac{g}{mol}} = 0{,}14\ mol$$

$$V(CO_2) = n(CO_2) \cdot V_m = 0{,}14\ mol \cdot 24\ \frac{l}{mol} = 3{,}4\ l$$

A5 **a)**

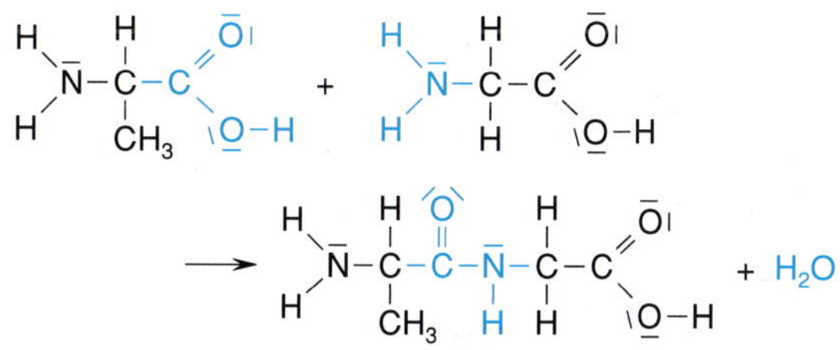

Alanylglycin

b) Eine Peptidbindung entsteht, wenn die Carboxyl-Gruppe eines Aminosäure-Moleküls mit der Amino-Gruppe eines anderen Aminosäure-Moleküls reagiert. Da hierbei Wasser abgespalten wird, spricht man von einer Kondensationsreaktion.

c) Reagiert die Carboxyl-Gruppe eines Alanin-Moleküls mit der Amino-Gruppe eines Glycin-Moleküls, entsteht das Dipeptid Alanylglycin. Reagiert hingegen die Carboxyl-Gruppe eines Glycin-Moleküls mit der Amino-Gruppe eines Alanin-Moleküls, so entsteht ein anderes Dipeptid, nämlich Glycylalanin. Bei der Bildung eines Peptids spielt also die Reihenfolge, mit der die einzelnen Aminosäure-Bausteine verknüpft werden, eine wichtige Rolle.

A6 **a)** Glucose und Fructose sind Monosaccharide, Saccharose und Maltose zählen zu den Disacchariden. Stärke und Cellulose gehören zu den Polysacchariden.

b) Die gute Wasserlöslichkeit beruht auf den Hydroxyl-Gruppen. Es bilden sich Wasserstoffbrücken zwischen den Zucker-Molekülen und Wasser-Molekülen aus. Die hohen Schmelztemperaturen sind auf die Wasserstoffbrücken zwischen den Zucker-Molekülen zurückzuführen.

c) Stärke weist eine spiralige – und im Falle von Amylopektin – verzweigte Kette aus Glucose-Einheiten auf. Cellulose enthält hingegen zahlreiche, parallel angeordnete Stränge aus linearen Glucose-Ketten.

Kapitel 3

Hilfen zur Lösung der Aufgaben findest du hier:

A1 S. 62–65, 72; **A2** S. 68, 69; **A3** S. 66–69, 72; **A4** S. 70, 71; **A5** S. 62, 64; **A6** S. 63–65; **A7** S. 74, 75.

Lösungen:

A1

Indikator	saure Lösung	neutrale Lösung	basische Lösung
Lackmus	rot	violett	blau
Bromthymolblau	gelb	grün	blau
Universalindikator	rot	grün	blau
Phenolphthalein	farblos	farblos	pink

A2 a) Gibt man zu einer Natriumchloridlösung eine Silbernitratlösung, so beobachtet man zunächst eine Trübung. Schließlich entstehen weiße Flocken von Silberchlorid. Man sagt, das schwerlösliche Salz fällt als Niederschlag aus. Diese Reaktion wird als Fällungsreaktion bezeichnet.

b) Silberchlorid: weißer Niederschlag
Silberbromid: hellgelber Niederschlag
Silberiodid: gelber Niederschlag

c) Silbernitrat geht auch mit anderen Ionen eine Reaktion ein. Mit Carbonat-Ionen würde das schwerlösliche Silbercarbonat ausfallen. Durch die Zugabe von Salpetersäure wird diese Reaktion verhindert.

d) Silber-Ionen können mit Natriumchloridlösung nachgewiesen werden. Es entsteht schwerlösliches Silberchlorid.

A3 Salz A: Lithiumphosphat, Li_3PO_4
Salz B: Natriumbromid, NaBr
Salz C: Bariumchlorid, $BaCl_2$
Salz D: Eisensulfat, $FeSO_4$

A4 NaCl und KCl:
Nachweis der Cl^--Ionen mit Silbernitratlösung: weißer Niederschlag; anschließend Flammenprobe: Na^+ (gelbe Flamme), K^+ (blassviolette Flammenfärbung)

$BaSO_4$ und $MgSO_4$:
Nachweis SO_4^{2-}-Ionen mit $BaCl_2$-Lösung: weißer Niederschlag, bei Zugabe von HCl keine Veränderung; anschließend Flammenprobe: Ba^{2+} (grüne Flamme), Mg^{2+} (keine Flammenfärbung)

$MgCO_3$:
Nachweis CO_3^{2-}-Ionen mit $BaCl_2$-Lösung: weißer Niederschlag, bei Zugabe von HCl Auflösen des Niederschlags

A5 Hexan: Das Bromwasser wird nicht entfärbt. Hexan-Moleküle besitzen keine C/C-Mehrfachbindungen, die mit den Brom-Molekülen reagieren können.
Hexen: Das Bromwasser wird entfärbt. Grund dafür ist die Doppelbindung im Hexen-Molekül. Hexen reagiert dabei in einer Additionsreaktion mit Brom.

A6 a) Blaufärbung des Universalindikators: NaOH; mit Silbernitratlösung ein weißer Niederschlag: NaCl; die verbleibende Substanz ist Na_2SO_4.

b) Rotfärbung des Universalindikators: Ethansäure; ziegelrote Färbung bei Reaktion mit Fehling I und Fehling II: Ethanal; die verbleibende Substanz ist Ethanol.

c) ziegelrote Färbung bei Reaktion mit Fehling I und Fehling II: Glucose; blauschwarze Färbung einer Iod-Kaliumiodid-Lösung: Stärke; die verbleibende Substanz ist das Eiweiß.

d) Die Stoffe lassen sich anhand ihres Aussehens unter-scheiden: Schwefel (gelber Feststoff), Magnesium (silbergrau glänzendes Metall), Stärke (weißer Feststoff).

A7 Titration:
1. Man gibt ein bestimmtes Volumen der zu untersuchenden Lösung mit einer Vollpipette in einen Erlenmeyerkolben und fügt wenige Tropfen eines geeigneten Indikators hinzu.
2. Dann füllt man die Maßlösung in die Bürette und liest den Flüssigkeitsstand ab.
3. Danach lässt man die Maßlösung aus der Bürette in die Analysenlösung tropfen. Dabei muss der Erlenmeyerkolben ständig geschwenkt werden, um eine gute Durchmischung der beiden Lösungen zu gewährleisten.
4. Wenn der Indikator umschlägt, ist die Titration beendet. Der Flüssigkeitsstand wird an der Bürette

erneut abgelesen und der Verbrauch an Maßlösung berechnet.

5. Die Titration wird mehrfach wiederholt. Aus den Einzelergebnissen bildet man den Mittelwert.

6. Die Auswertung erfolgt nach der Größengleichung:

$c\,(\text{Säure}) \cdot V\,(\text{Säure}) = c\,(\text{Base}) \cdot V\,(\text{Base})$

Die Titration ist eine quantitative Analyse, bei der die Stoffmengenkonzentration einer Säure oder Base bestimmt wird.

Kapitel 4

Hilfen zur Lösung der Aufgaben findest du hier:

A1 S. 90, 91; **A2** S. 90, 91, 94; **A3** S. 92, 93; **A4** S. 92, 93; **A5** S. 93; **A6** S. 93; **A7** S. 96-97.

Lösungen:

A1 *Thermoplaste* sind Kunststoffe, die aus langen kettenförmigen oder leicht verzweigten Polymeren aufgebaut sind. Beim Erwärmen können die Makromoleküle aneinander vorbei gleiten: Die Thermoplaste schmelzen und sind dann formbar.

In *Duroplasten* sind die Polymerketten durch Elektronenpaarbindungen miteinander verknüpft. Duroplaste sind deshalb nicht schmelzbar und nicht verformbar.

In *Elastomeren* sind die Polymer-Ketten sehr weitmaschig miteinander verknüpft. Elastomere lassen sich daher ebenfalls weder schmelzen noch verformen.

Duroplaste und Elastomere können nach Ablauf der Polyreaktion nur noch mechanisch bearbeitet werden.

A2 von links nach rechts:

Die Steckdose besteht aus einem Duroplast, denn er schmilzt nicht.

Der Schwamm ist gummielastisch, er besteht also aus einem Elastomer.

Der Becher besteht aus einem Thermoplast, denn er schmilzt.

A3

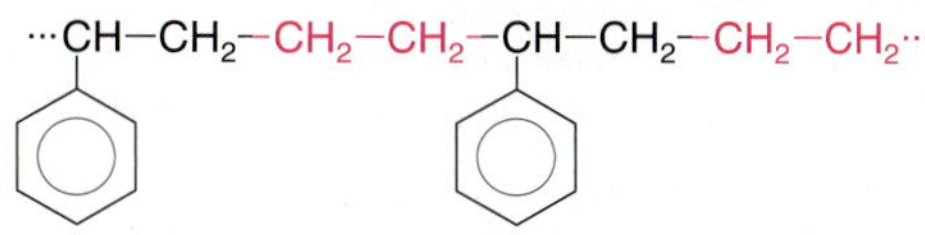

A4 Polymerisation: Ungesättigte Monomere verbinden sich miteinander, ohne dass Nebenprodukte entstehen.

Polykondensation: Monomere mit reaktionsfähigen Endgruppen (OH-Gruppen, NH_2-Gruppen, COOH-Gruppen) reagieren miteinander, wobei kleinere Moleküle (H_2O-Moleküle) abgetrennt werden.

A5 a)

$$\text{HOOC}{+}(\text{CH}_2)_8{-}\text{COOH} + \text{HO{-}CH}_2{-}\text{CH}_2{-}\text{CH}_2{-}\text{OH}$$

$$\longrightarrow \text{HOOC}{-}(\text{CH}_2)_8{-}\overset{\text{O}}{\overset{\|}{\text{C}}}{-}\text{O}{-}\text{CH}_2{-}\text{CH}_2{-}\text{CH}_2\text{OH} + \text{H}_2\text{O}$$

b) Durch Polykondensation bildet sich ein linearer Polyester mit thermoplastischen Eigenschaften.

A6

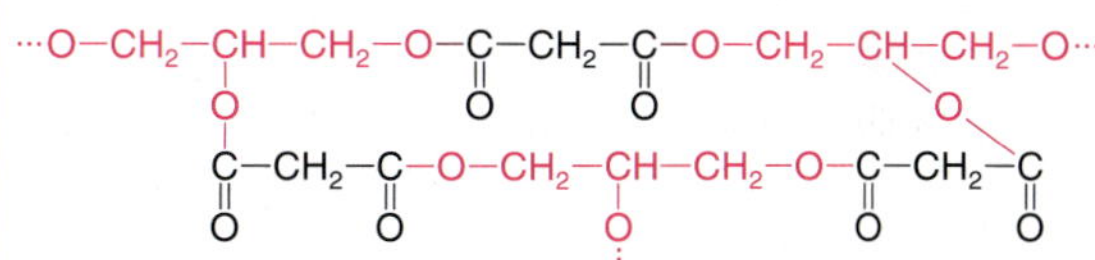

Der gebildete Kunststoff ist ein Polyester. Glycerin-Moleküle sind trifunktionell. Wenn alle drei OH-Gruppen verestert werden, bilden sich Querverbindungen zwischen den Polymerketten. Der Polyester hat deshalb duroplastische Eigenschaften.

A7 a) Sortenreine Kunststoffe enthalten nur eine Polymersorte, also beispielsweise ausschließlich Polyethylen oder Polystyrol.

b) Verunreinigungen und Gemische verschiedener Kunststoffe beeinträchtigen die Qualität eines recycelten Kunststoffs, weil die verschiedenen Kunststoffe sich in ihren Eigenschaften unterscheiden. Erforderliche Werkstoffeigenschaften können nicht erreicht werden. Kunststoffgemische sind außerdem in ihrer Zusammensetzung nicht gleichbleibend.

Gefahrenhinweise (H-Sätze)

Physikalische Gefahren

H 200	Instabil, explosiv
H 201	Explosiv, Gefahr der Massenexplosion.
H 202	Explosiv; große Gefahr durch Splitter, Spreng- und Wurfstücke.
H 203	Explosiv; Gefahr durch Feuer, Luftdruck oder Splitter, Spreng- und Wurfstücke.
H 204	Gefahr durch Feuer oder Splitter, Spreng- und Wurfstücke.
H 205	Gefahr der Massenexplosion bei Feuer.
H 220	Extrem entzündbares Gas.
H 221	Entzündbares Gas.
H 222	Extrem entzündbares Aerosol.
H 223	Entzündbares Aerosol.
H 224	Flüssigkeit und Dampf extrem entzündbar.
H 225	Flüssigkeit und Dampf leicht entzündbar.
H 226	Flüssigkeit und Dampf entzündbar.
H 228	Entzündbarer Feststoff.
H 240	Erwärmung kann Explosion verursachen.
H 241	Erwärmung kann Brand oder Explosion verursachen.
H 242	Erwärmung kann Brand verursachen.
H 250	Entzündet sich in Berührung mit Luft von selbst.
H 251	Selbsterhitzungsfähig; kann in Brand geraten.
H 252	In großen Mengen selbsterhitzungsfähig; kann in Brand geraten.
H 260	In Berührung mit Wasser entstehen entzündbare Gase, die sich spontan entzünden können.
H 261	In Berührung mit Wasser entstehen entzündbare Gase.
H 270	Kann Brand verursachen oder verstärken; Oxidationsmittel.
H 271	Kann Brand oder Explosion verursachen; starkes Oxidationsmittel.
H 272	Kann Brand verstärken; Oxidationsmittel.
H 280	Enthält Gas unter Druck; kann bei Erwärmung explodieren.
H 281	Enthält tiefgekühltes Gas; kann Kälteverbrennungen oder -verletzungen verursachen.
H 290	Kann gegenüber Metallen korrosiv sein.

Gesundheitsgefahren

H 300	Lebensgefahr bei Verschlucken.
H 301	Giftig bei Verschlucken.
H 302	Gesundheitsschädlich bei Verschlucken.
H 304	Kann bei Verschlucken und Eindringen in die Atemwege tödlich sein.
H 310	Lebensgefahr bei Hautkontakt.
H 311	Giftig bei Hautkontakt.
H 312	Gesundheitsschädlich bei Hautkontakt.
H 314	Verursacht schwere Verätzungen der Haut und schwere Augenschäden.
H 315	Verursacht Hautreizungen.
H 317	Kann allergische Hautreaktionen verursachen.
H 318	Verursacht schwere Augenschäden.
H 319	Verursacht schwere Augenreizung.
H 330	Lebensgefahr bei Einatmen.
H 331	Giftig bei Einatmen.
H 332	Gesundheitsschädlich bei Einatmen.
H 334	Kann bei Einatmen Allergie, asthmaartige Symptome oder Atembeschwerden verursachen.
H 335	Kann die Atemwege reizen.
H 336	Kann Schläfrigkeit und Benommenheit verursachen.
H 340	Kann genetische Defekte verursachen.
H 341	Kann vermutlich genetische Defekte verursachen.
H 350	Kann Krebs erzeugen.
H 351	Kann vermutlich Krebs erzeugen.
H 360	Kann die Fruchtbarkeit beeinträchtigen oder das Kind im Mutterleib schädigen.
H 360 F	Kann die Fruchtbarkeit beeinträchtigen.
H 360 D	Kann das Kind im Mutterleib schädigen.
H 360 FD	Kann die Fruchtbarkeit beeinträchtigen. Kann das Kind im Mutterleib schädigen.
H 360 Fd	Kann die Fruchtbarkeit beeinträchtigen. Kann vermutlich das Kind im Mutterleib schädigen.
H 360 Df	Kann das Kind im Mutterleib schädigen. Kann vermutlich die Fruchtbarkeit beeinträchtigen.
H 361	Kann vermutlich die Fruchtbarkeit beeinträchtigen oder das Kind im Mutterleib schädigen.
H 361 f	Kann vermutlich die Fruchtbarkeit beeinträchtigen.
H 361 d	Kann vermutlich das Kind im Mutterleib schädigen.
H 361 fd	Kann vermutlich die Fruchtbarkeit beeinträchtigen. Kann vermutlich das Kind im Mutterleib schädigen.
H 362	Kann Säuglinge über die Muttermilch schädigen.
H 370	Schädigt die Organe.
H 371	Kann die Organe schädigen.
H 372	Schädigt die Organe bei längerer oder wiederholter Exposition.
H 373	Kann die Organe schädigen bei längerer oder wiederholter Exposition.

Umweltgefahren

H 400	Sehr giftig für Wasserorganismen.
H 410	Sehr giftig für Wasserorganismen mit langfristiger Wirkung.
H 411	Giftig für Wasserorganismen, mit langfristiger Wirkung.
H 412	Schädlich für Wasserorganismen, mit langfristiger Wirkung.
H 413	Kann für Wasserorganismen schädlich sein, mit langfristiger Wirkung.
H420	Schädigt die öffentliche Gesundheit und die Umwelt durch Ozonabbau in der äußeren Atmosphäre.

EUH-Sätze

EUH 001	In trockenem Zustand explosiv.
EUH 006	Mit und ohne Luft explosionsfähig.
EUH 014	Reagiert heftig mit Wasser.
EUH 018	Kann bei Verwendung explosionsfähige / entzündbare Dampf-Luft-Gemische bilden.
EUH 019	Kann explosionsfähige Peroxide bilden.
EUH 044	Explosionsgefahr bei Erhitzen unter Einschluss.
EUH 029	Entwickelt bei Berührung mit Wasser giftige Gase.
EUH 031	Entwickelt bei Berührung mit Säure giftige Gase.
EUH 032	Entwickelt bei Berührung mit Säure sehr giftige Gase.
EUH 066	Wiederholter Kontakt kann zu spröder oder rissiger Haut führen.
EUH 070	Giftig bei Berührung mit den Augen.
EUH 071	Wirkt ätzend auf die Atemwege.
EUH 201	Enthält Blei. Nicht für den Anstrich von Gegenständen verwenden, die von Kindern gekaut oder gelutscht werden könnten.
EUH 201 A	Achtung! Enthält Blei.
EUH 202	Cyanacrylat. Gefahr. Klebt innerhalb von Sekunden Haut und Augenlider zusammen. Darf nicht in die Hände von Kindern gelangen.
EUH 203	Enthält Chrom(VI). Kann allergische Reaktionen hervorrufen.
EUH 204	Enthält Isocyanate. Kann allergische Reaktionen hervorrufen.
EUH 205	Enthält epoxidhaltige Verbindungen. Kann allergische Reaktionen hervorrufen.
EUH 206	Achtung! Nicht zusammen mit anderen Produkten verwenden, da gefährliche Gase (Chlor) freigesetzt werden können.
EUH 207	Achtung! Enthält Cadmium. Bei der Verwendung entstehen gefährliche Dämpfe. Hinweise des Herstellers beachten. Sicherheitsanweisungen einhalten.
EUH 208	Enthält (Name des sensibilisierenden Stoffes). Kann allergische Reaktionen hervorrufen.
EUH 209	Kann bei Verwendung leicht entzündbar werden.
EUH 209 A	Kann bei Verwendung entzündbar werden.
EUH 210	Sicherheitsdatenblatt auf Anfrage erhältlich.
EUH 401	Zur Vermeidung von Risiken für Mensch und Umwelt die Gebrauchsanleitung einhalten.

Sicherheitshinweise (P-Sätze)

Allgemeines

P 101	Ist ärztlicher Rat erforderlich, Verpackung oder Kennzeichnungsetikett bereithalten.
P 102	Darf nicht in die Hände von Kindern gelangen.
P 103	Vor Gebrauch Kennzeichnungsetikett lesen.

Prävention

P 201	Vor Gebrauch besondere Anweisungen einholen.
P 202	Vor Gebrauch alle Sicherheitshinweise lesen und verstehen.
P 210	Von Hitze / Funken / offener Flamme / heißen Oberflächen fernhalten. Nicht rauchen.
P 211	Nicht gegen offene Flamme oder andere Zündquelle sprühen.
P 220	Von Kleidung / ... / brennbaren Materialien fernhalten / entfernt aufbewahren.
P 221	Mischen mit brennbaren Stoffen / ... unbedingt verhindern.
P 222	Kontakt mit Luft nicht zulassen.
P 223	Kontakt mit Wasser wegen heftiger Reaktion und möglichem Aufflammen unbedingt verhindern.
P 230	Feucht halten mit ...
P 231	Unter inertem Gas handhaben.
P 232	Vor Feuchtigkeit schützen.
P 233	Behälter dicht verschlossen halten.
P 234	Nur im Originalbehälter aufbewahren.
P 235	Kühl halten.
P 240	Behälter und zu befüllende Anlage erden.
P 241	Explosionsgeschützte elektrische Betriebsmittel / Lüftungsanlagen / Beleuchtung / ... verwenden.
P 242	Nur funkenfreies Werkzeug verwenden.
P 243	Maßnahmen gegen elektrostatische Aufladungen treffen.
P 244	Druckminderer frei von Fett und Öl halten.
P 250	Nicht schleifen / stoßen / ... / reiben.
P 251	Behälter steht unter Druck: Nicht durchstechen oder verbrennen, auch nicht nach der Verwendung.
P 260	Staub / Rauch / Gas / Nebel / Dampf / Aerosol nicht einatmen.
P 261	Einatmen von Staub / Rauch / Gas / Nebel / Dampf / Aerosol vermeiden.
P 262	Nicht in die Augen, auf die Haut oder auf die Kleidung gelangen lassen.
P 263	Kontakt während der Schwangerschaft / und der Stillzeit vermeiden.
P 264	Nach Gebrauch ... gründlich waschen.
P 270	Bei Gebrauch nicht essen, trinken oder rauchen.
P 271	Nur im Freien oder in gut belüfteten Räumen verwenden.
P 272	Kontaminierte Arbeitskleidung nicht außerhalb des Arbeitsplatzes tragen.
P 273	Freisetzung in die Umwelt vermeiden.
P 280	Schutzhandschuhe / Schutzkleidung / Augenschutz / Gesichtsschutz tragen.
P 281	Vorgeschriebene persönliche Schutzausrüstung verwenden.
P 282	Schutzhandschuhe / Gesichtsschild / Augenschutz mit Kälteisolierung tragen.
P 283	Schwer entflammbare / flammhemmende Kleidung tragen.
P 284	Atemschutz tragen.
P 285	Bei unzureichender Belüftung Atemschutz tragen.
P 231	Unter inertem Gas handhaben.
+ P 232	Vor Feuchtigkeit schützen.
P 235	Kühl halten. Vor Sonnenbestrahlung schützen.
+ P 410	

Reaktion

P 301	Bei Verschlucken:
P 302	Bei Berührung mit der Haut:
P 303	Bei Berührung mit der Haut (oder dem Haar):
P 304	Bei Einatmen:
P 305	Bei Kontakt mit den Augen:
P 306	Bei kontaminierter Kleidung:
P 307	Bei Exposition:
P 308	Bei Exposition oder falls betroffen:
P 309	Bei Exposition oder Unwohlsein:
P 310	Sofort Giftinformationszentrum oder Arzt anrufen.
P 311	Giftinformationszentrum oder Arzt anrufen.
P 312	Bei Unwohlsein Giftinformationszentrum oder Arzt anrufen.
P 313	Ärztlichen Rat einholen / ärztliche Hilfe hinzuziehen.
P 314	Bei Unwohlsein ärztlichen Rat einholen / ärztliche Hilfe hinzuziehen.
P 315	Sofort ärztlichen Rat einholen / ärztliche Hilfe hinzuziehen.
P 320	Besondere Behandlung dringend erforderlich (siehe ... auf diesem Kennzeichnungsetikett).
P 321	Besondere Behandlung (siehe ... auf diesem Kennzeichnungsetikett).
P 322	Gezielte Maßnahmen (siehe ... auf diesem Kennzeichnungsetikett).
P 330	Mund ausspülen.
P 331	Kein Erbrechen herbeiführen.
P 332	Bei Hautreizung:
P 333	Bei Hautreizung oder -ausschlag:
P 334	In kaltes Wasser tauchen / nassen Verband anlegen.
P 335	Lose Partikel von der Haut abbürsten.
P 336	Vereiste Bereiche mit lauwarmem Wasser auftauen. Betroffenen Bereich nicht reiben.
P 337	Bei anhaltender Augenreizung:
P 338	Eventuell vorhandene Kontaktlinsen nach Möglichkeit entfernen. Weiter ausspülen.
P 340	Die betroffene Person an die frische Luft bringen und in einer Position ruhigstellen, die das Atmen erleichtert.
P 341	Bei Atembeschwerden an die frische Luft bringen und in einer Position ruhigstellen, die das Atmen erleichtert.
P 342	Bei Symptomen der Atemwege:
P 350	Behutsam mit viel Wasser und Seife waschen.
P 351	Einige Minuten lang behutsam mit Wasser ausspülen.
P 352	Mit viel Wasser und Seife waschen.
P 353	Haut mit Wasser abwaschen / duschen.
P 360	Kontaminierte Kleidung und Haut sofort mit viel Wasser abwaschen und danach Kleidung ausziehen.
P 361	Alle kontaminierten Kleidungsstücke sofort ausziehen.
P 362	Kontaminierte Kleidung ausziehen und vor erneutem Tragen waschen.
P 363	Kontaminierte Kleidung vor erneutem Tragen waschen.
P 370	Bei Brand:
P 371	Bei Großbrand und großen Mengen:
P 372	Explosionsgefahr bei Brand.
P 373	Keine Brandbekämpfung, wenn das Feuer explosive Stoffe / Gemische / Erzeugnisse erreicht.
P 374	Brandbekämpfung mit üblichen Vorsichtsmaßnahmen aus angemessener Entfernung.
P 375	Wegen Explosionsgefahr Brand aus der Entfernung bekämpfen.
P 376	Undichtigkeit beseitigen, wenn gefahrlos möglich.
P 377	Brand von ausströmendem Gas: Nicht löschen, bis Undichtigkeit gefahrlos beseitigt werden kann.
P 378	... zum Löschen verwenden.
P 380	Umgebung räumen.
P 381	Alle Zündquellen entfernen, wenn gefahrlos möglich.
P 390	Verschüttete Mengen aufnehmen, um Materialschäden zu vermeiden.
P 391	Verschüttete Mengen aufnehmen.
P 301 + P 310	Bei Verschlucken: Sofort Giftinformationszentrum oder Arzt anrufen.
P 301 + P 312	Bei Verschlucken: Bei Unwohlsein Giftinformationszentrum oder Arzt anrufen.

P 301 + P 330 + P 331	Bei Verschlucken: Mund ausspülen. Kein Erbrechen herbeiführen.
P 302 + P 334	Bei Kontakt mit der Haut: In kaltes Wasser tauchen / nassen Verband anlegen.
P 302 + P 350	Bei Kontakt mit der Haut: Behutsam mit viel Wasser und Seife waschen.
P 302 + P 352	Bei Kontakt mit der Haut: Mit viel Wasser und Seife waschen.
P 303 + P 361 + P 353	Bei Kontakt mit der Haut (oder dem Haar): Alle beschmutzten, getränkten Kleidungsstücke sofort ausziehen. Haut mit Wasser abwaschen / duschen.
P 304 + P 340	Bei Einatmen: An die frische Luft bringen und in einer Position ruhigstellen, die das Atmen erleichtert.
P 304 + P 341	Bei Einatmen: Bei Atembeschwerden an die frische Luft bringen und in einer Position ruhigstellen, die das Atmen erleichtert.
P 305 + P 351 + P 338	Bei Kontakt mit den Augen: Einige Minuten lang behutsam mit Wasser spülen. Vorhandene Kontaktlinsen nach Möglichkeit entfernen. Weiter spülen.
P 306 + P 360	Bei Kontakt mit der Kleidung: Kontaminierte Kleidung und Haut sofort mit viel Wasser abwaschen und danach Kleidung ausziehen.
P 307 + P 311	Bei Exposition: Giftinformationszentrum oder Arzt anrufen.
P 308 + P 313	Bei Exposition oder falls betroffen: Ärztlichen Rat Einholen / ärztliche Hilfe hinzuziehen.
P 309 + P 311	Bei Exposition oder Unwohlsein: Giftinformationszentrum oder Arzt anrufen.
P 332 + P 313	Bei Hautreizung: Ärztlichen Rat einholen / ärztliche Hilfe hinzuziehen.
P 333 + P 313	Bei Hautreizung oder -ausschlag: Ärztlichen Rat einholen / ärztliche Hilfe hinzuziehen.
P 335 + P 334	Lose Partikel von der Haut abbürsten. In kaltes Wasser tauchen / nassen Verband anlegen.
P 337 + P 313	Bei anhaltender Augenreizung: Ärztlichen Rat einholen / ärztliche Hilfe hinzuziehen.
P 342 + P 311	Bei Symptomen der Atemwege: Giftinformationszentrum oder Arzt anrufen.
P 370 + P 376	Bei Brand: Undichtigkeit beseitigen, wenn gefahrlos möglich.
P 370 + P 378	Bei Brand: ... zum Löschen verwenden.
P 370 + P 380	Bei Brand: Umgebung räumen.
P 370 + P 380 + P 375	Bei Brand: Umgebung räumen. Wegen Explosionsgefahr Brand aus der Entfernung bekämpfen.
P 371 + P 380 + P 375	Bei Großbrand und großen Mengen: Umgebung räumen. Wegen Explosionsgefahr Brand aus der Entfernung bekämpfen.

Aufbewahrung

P401	... aufbewahren.
P402	An einem trockenen Ort aufbewahren.
P403	An einem gut belüfteten Ort aufbewahren.
P404	In einem geschlossenen Behälter aufbewahren.
P405	Unter Verschluss aufbewahren.
P406	In korrosionsbeständigem / ... Behälter mit korrosionsbeständiger Auskleidung aufbewahren.
P407	Luftspalt zwischen Stapeln / Paletten lassen.
P410	Vor Sonnenbestrahlung schützen.
P411	Bei Temperaturen von nicht mehr als ... °C / ... aufbewahren.
P412	Nicht Temperaturen von mehr als 50 °C aussetzen.
P413	Schüttgut in Mengen von mehr als ... kg bei Temperaturen von nicht mehr als ... °C aufbewahren
P420	Von anderen Materialien entfernt aufbewahren.
P422	Inhalt in / unter ... aufbewahren
P402 + P404	In einem geschlossenen Behälter an einem trockenen Ort aufbewahren.
P403 + P233	Behälter dicht verschlossen an einem gut belüfteten Ort aufbewahren.
P403 + P235	Kühl an einem gut belüfteten Ort aufbewahren.
P410 + P403	Vor Sonnenbestrahlung geschützt an einem gut belüfteten Ort aufbewahren.
P410 + P412	Vor Sonnenbestrahlung schützen und nicht Temperaturen von mehr als 50 °C aussetzen.
P411 + P235	Kühl und bei Temperaturen von nicht mehr als ... °C aufbewahren.

Entsorgung

P501	Inhalt / Behälter ... zuführen.

Beim Umgang mit Chemikalien ist immer eine Schutzbrille zu tragen.

Stoff Deklarierung Sicherheitssymbole, Entsorgungssymbole	Signalwort H-Sätze
Aceton	Gefahr H 225, H 319, H 336, EUH 066
Ameisensäure	Gefahr H 226, H 314
Ammoniaklösung, $w \geq 5\,\%$	Gefahr H 314, H 335, H 400
Ammoniaklösung, $3\,\% \leq w < 5\,\%$	Gefahr H 315, H 318
Amylase	Gefahr H 315, H 319, H 335, H 317, H 334
Bariumchlorid	Gefahr H 332, H 301
Bariumchloridlösung, $w = 1\,\%$	
Bleiacetatpapier	
Bromthymolblaulösung	
Bromwasser *	Gefahr H 332, H 315, H 318
Butandiolmonoacrylat	Achtung H 302, H 312, H 315, H 319, H 332, H 335
Butan-1-ol	Gefahr H 226, H 302, H 335, H 315, H 318, H 336
Calciumcarbonat	
Calciumhydroxid	Gefahr H 318
Calciumhydroxidlösung (Kalkwasser)	
Cellulose	
Citronensäure	Gefahr H 318
Cumolhydroperoxid	Gefahr H 242, H 302, H 312, H 314, H 331, H 373, H 411
Eisensulfat	Achtung H 302, H 319, H 315
Essigsäure, $w < 10\,\%$	
Essigsäure, $10\,\% \leq w < 25\,\%$	Achtung H 315, H 319
Essigsäure, $w = 100\,\%$ (Eisessig)	Gefahr H 226, H 314
Essigsäureethylester	Gefahr H 225, H 319, H 336, EUH 066
Ethanol	Gefahr H 225, H 319
Ethylenglycol	Achtung H 302
Fehling-Lösung I	H 411
Fehling-Lösung II	Gefahr H 314
Fluoresceinlösung	
Formaldehydlösung, $w = 20\,\%$	Gefahr H 302, H 312, H 331, H 317, H 351, H 315, H 319, H 335, H 371

* spezielle Entsorgung

Beim Umgang mit Chemikalien ist immer eine Schutzbrille zu tragen.

Stoff Deklarierung Sicherheitssymbole, Entsorgungssymbole	Signalwort H-Sätze
Glucose	
Glycerin	
Harnstoff (Kohlensäurediamid)	
Heptan	Gefahr H 225, H 304, H 315, H 336, H 410
Hexen	Gefahr H 225, H 304
Kaliumbromidlösung	
Kaliumchlorid	
Kaliumhexacyanidoferrat (III), (rotes Blutlaugensalz)	
Kaliumiodidlösung	
Kaliumpermanganat	Gefahr H 272, H 302, H 410
Kupfer(II)-oxid	Achtung H 302, H 410
Kupferblech, -draht	
Kupferpulver	Achtung H 228
Kupfersulfat, Kupfersulfat-Hydrat	Achtung H 302, H 319, H 315, H 410
Lithiumchlorid	Achtung H 302, H 319, H 315
Magnesiumband, -späne *	
Magnesiumpulver *	Gefahr H 260, H 250
Magnesiumcarbonat	
Mangandioxid (Mangan(IV)-oxid, Braunstein)	Gefahr H 272, H 302, H 332
Mangansulfat	Achtung H 373, H 411
Methylenblau	Achtung H 302
Methylenblaulösung (in Ethanol)	Gefahr H 225, H 319
Milchsäure	Gefahr H 318, H 315
Natriumacetat	
Natrium-Ammoniumhydrogenphosphat	
Natriumcarbonat	Achtung H 319
Natriumhydrogencarbonat (Natron)	
Natriumhydroxid	Gefahr H 314
Natronlauge, $w \geq 2\,\%$	Gefahr H 314
Natriumthiosulfat *	

* spezielle Entsorgung

Beim Umgang mit Chemikalien ist immer eine Schutzbrille zu tragen.

Stoff Deklarierung Sicherheitssymbole, Entsorgungssymbole	Signalwort H-Sätze
Pentan-1-ol	Achtung H 226, H 332, H 335, H 315
Pentansäure	Gefahr H 314, H 412
Phenolphthaleinlösung (<0,1 %)	Gefahr H 225, H 319
Propanal (Propionaldehyd)	Gefahr H 225, H 319, H 335, H 315, EUH 014
Propan-1-ol	Gefahr H 225, H 318, H 336
Propansäure	Gefahr H 314
Reinigungsbenzin, Waschbenzin	Gefahr H 225, H 304, H 336, H 361 f, H 373, H 411
Saccharose	
Salpetersäure, 5 % ≤ *w* < 70 %	Gefahr H 272, H 314
Salzsäure, *w* < 10 %	
Salzsäure, *w* ≥ 25 %	Gefahr H 314, H 335
Schwefelsäure, *w* ≥ 15 %	Gefahr H 314, H 290
Schwefelsäure, 5 % ≤ *w* < 15 %	Achtung H 314
Silbernitrat	Gefahr H 272, H 314, H 410
Silbernitratlösung, *w* = 1 %	H 412
Spiritus	Gefahr H 225, H 319
Strontiumchlorid	Achtung H 302
Sudan III	Gefahr H 341, H 315, H 319, H 335
Universalindikatorlösung	Gefahr H 225, H 319
Wasserstoffperoxid-Lösung, 5 % ≤ *w* < 20 %	Gefahr H 332, H 314, H 272

* spezielle Entsorgung

Reagenzlösungen

Lösung	Rezeptur
Chlorwasser:	Demineralisiertes Wasser durch Einleiten von Chlor sättigen; in brauner Flasche aufbewahren.
Bromwasser:	10 Tropfen Brom in 250 ml demineralisiertem Wasser lösen.
Iodwasser:	Einige Blättchen Iod in destilliertem Wasser kurz aufkochen.
Iod-Kaliumiodid-Lösung:	2 g Kaliumiodid in wenig Wasser vollständig lösen und 1 g Iod zugeben. Nach dem Lösen auf 300 ml auffüllen und in brauner Flasche aufbewahren.
Fehling-**Lösung I:**	7 g Kupfersulfat ($CuSO_4 \cdot 5\ H_2O$) in 100 ml Wasser lösen.
Fehling-**Lösung II:**	35 g Kaliumnatriumtartrat (Seignette-Salz) und 10 g Natriumhydroxid in 100 ml Wasser lösen.
Kalkwasser:	1 g Calciumoxid in 500 ml destilliertem Wasser schütteln und filtrieren (0,02 $\frac{mol}{l}$).
Bromthymolblaulösung:	0,1 g in 100 ml 20%igem Ethanol.
Phenolphthaleinlösung:	8 ml handelsübliche Lösung (0,9 %) mit 50%igem Ethanol auf 100 ml verdünnen (< 0,1 %).
Baeyer-Reagenz:	10%ige Sodalösung mit einer verdünnten Kaliumpermanganatlösung versetzen, bis die Lösung kräftig violett gefärbt ist.
Tollens-Reagenz	(ammoniakalische Silbernitratlösung): Silbernitratlösung (0,1 mol · l^{-1}) mit etwa einem Zehntel des Volumens verdünnter Natronlauge versetzen. Anschließend unter Schütteln Ammoniaklösung (25 %) zutropfen, bis sich der Silberoxidniederschlag gerade wieder löst. Die Reagenzlösung wird jeweils frisch zubereitet. Sie darf nicht aufbewahrt werden, da sich Silberazid bilden könnte (Explosionsgefahr). Reste der Reagenzlösung ansäuern und über den Behälter B2 entsorgen.

Saure und alkalische Lösungen

Lösung	gelöster Stoff	*	verdünnt Massenanteil	verdünnt Dichte bei 20 °C	konzentriert Massenanteil	konzentriert Dichte bei 20 °C
Salzsäure	HCl (g)	2	7 %	1,033	36 %	1,179
Schwefelsäure	H_2SO_4 (l)	1	9 %	1,059	98 %	1,836
Salpetersäure	HNO_3 (l)	2	12 %	1,066	68 %	1,391
Phosphorsäure	H_3PO_4 (s)	1	10 %	1,05	85 %	1,71
Essigsäure	CH_3COOH (l)	2	12 %	1,015	99 %	1,052
Natronlauge	$NaOH$ (s)	2	8 %	1,087	30 %	1,328
Kalilauge	KOH (s)	2	11 %	1,100	27 %	1,256
Kalkwasser	$Ca(OH)_2$ (s)		0,16 %**	1,001**	** Angaben für gesättigte Lösungen	
Barytwasser	$Ba(OH)_2$ (s)		3,4 %**	1,04**		
Ammoniaklösung	NH_3 (g)	2	3 %	0,981	25 %	0,907

Die Daten in der Stoffliste stammen von den gängigen Inverkehrbringern. Nichtkommerziell erhältliche Lösungen und Zubereitungen wurden von der GBK Gefahrgut Büro GmbH, Ingelheim auf Grundlage der verfügbaren Daten eingestuft. Alle Daten wurden von den Herausgebern geprüft und überarbeitet.

Die neue CLP-Verordnung erlaubt den Inverkehrbringern über die Mindesteinstufung (Anhang 6, Tabelle 3.1 der Verordnung (EU) Nr. 286/2011) hinaus abweichende Einstufungen aufgrund eigener Tests oder Klassifizierungen zu vergeben. Die Gebindekennzeichnungen verschiedener Inverkehrbringer können daher untereinander und von den hier vorliegenden Daten abweichen.

Haftungsausschluss: Trotz sorgfältiger Prüfung ist es möglich, dass bei der Zusammenstellung Fehler aufgetreten sind. Die gegebenen Daten sind daher von jeder Lehrkraft zu prüfen.

* Stoffmengenkonzentration in $\frac{mol}{l}$

Größen und ihre Einheiten

Größe		Einheit		
Name	**Zeichen**	**Name**	**Zeichen**	**Beziehungen**
Masse	m	Kilogramm	kg	1 kg = 1000 g 1 g = 1000 mg
Volumen	V	Kubikmeter	m^3	1 m^3 = 1000 dm^3 1 l = 1000 ml
		Liter	l	1 l = 1000 ml 1 ml = 1 cm^3
Dichte	ϱ	$\frac{\text{Kilogramm}}{\text{Kubikmeter}}$	$\frac{kg}{m^3}$	$1\,\frac{g}{cm^3} = 1000\,\frac{kg}{m^3}$
		$\frac{\text{Gramm}}{\text{Liter}}$	$\frac{g}{l}$	$1\,\frac{g}{l} = 0{,}001\,\frac{g}{m^3}$
Druck	p	Pascal	Pa	$1\,Pa = 1\,\frac{N}{m^2}$ 100 Pa = 1 hPa
		Bar	bar	1 bar = 100 000 Pa 1 mbar = 100 Pa
Energie	E	Joule	J	$1\,J = 1\,N \cdot m = 1\,\frac{kg \cdot m^2}{s^2}$
Elektrizitätsmenge	Q	Coulomb	C	$1\,C = 1\,A \cdot s$
Anzahl	N			
Stoffmenge	n	Mol	mol	1 mol enthält $6{,}022 \cdot 10^{23}$ Teilchen
molare Masse	M	$\frac{\text{Gramm}}{\text{Mol}}$	$\frac{g}{mol}$	
Stoffmengenkonzentration	c	$\frac{\text{Mol}}{\text{Liter}}$	$\frac{mol}{l}$	
Temperatur	ϑ	Grad Celsius	°C	
	T	Kelvin	K	0 °C = 273,15 K

Konstanten

Atomare Masseneinheit	u	$1{,}661 \cdot 10^{-27}$ kg
Avogadro-Konstante	N_A	$6{,}022 \cdot 10^{23}\,\frac{1}{mol}$
Molares Volumen eines idealen Gases (bei 1013 hPa und 20 °C)	V_m	$24{,}056\,\frac{l}{mol}$
Ladung eines Elektrons	e	$1{,}602 \cdot 10^{-19}$ C
Masse eines Elektrons	m_e	$9{,}109 \cdot 10^{-31}$ kg
Masse eines Protons	m_p	$1{,}673 \cdot 10^{-27}$ kg
Masse eines Neutrons	m_n	$1{,}675 \cdot 10^{-27}$ kg
Faraday-Konstante	F	$96\,485\,\frac{C}{mol}$

Gehaltsangaben für Mischungen und Lösungen (nach DIN 1310)

Masse einer Stoffportion:	m_i	Massenkonzentration:	$\beta_i = \frac{m_i}{V}$
Volumen einer Stoffportion:	V_i	Volumenkonzentration:	$\sigma_i = \frac{V_i}{V}$
Stoffmenge einer Stoffportion:	n_i	Stoffmengenkonzentration:	$c_i = \frac{n_i}{V}$
Teilchenzahl einer Stoffportion:	N_i	Teilchenkonzentration:	$C_i = \frac{N_i}{V}$
		(V: Gesamtvolumen **nach** dem Mischen)	

Massenanteil (früher: Gewichtsprozent): $w_i = \frac{m_i}{m}$

Gesamtmasse $m = m_1 + m_2 + \dots$

Volumenanteil (früher: Volumenprozent): $\varphi_i = \frac{V_i}{V_0}$

Gesamtvolumen $V_0 = V_1 + V_2 + \dots$ (vor dem Mischen)

Stoffmengenanteil: $x_i = \frac{n_i}{n}$

Gesamtstoffmenge $n = n_1 + n_2 + \dots$

Teilchenzahlanteil: $X_i = \frac{N_i}{N}$

Gesamtteilchenanzahl $N = N_1 + N_2 + \dots$

Das Wort Gehalt wird als Oberbegriff bei der qualitativen Beschreibung verwendet. *Beispiel:* der Wassergehalt einer Probe

Dezimale Teile/Vielfache

Potenz	Vorsilbe	Symbol	Potenz	Vorsilbe	Symbol
10^{-1}	Dezi	d	10	Deka	da
10^{-2}	Zenti	c	10^2	Hekto	h
10^{-3}	Milli	m	10^3	Kilo	k
10^{-6}	Mikro	µ	10^6	Mega	M
10^{-9}	Nano	n	10^9	Giga	G
10^{-12}	Piko	p	10^{12}	Tera	T
10^{-15}	Femto	f	10^{15}	Peta	P
10^{-18}	Atto	a			

Stichwortverzeichnis

Online-Schlüssel
ADTD-8M0F-G6V1